八十八种
四季鱼料理

[日] 上野修三
[日] 浪速割烹喜川会 著

袁丹 译

北京出版集团
北京美术摄影出版社

目录

44 种　其他鱼类的菜谱集…197

鱼的解剖法——杜绝浪费 物尽其用

"鱼是一种标价很高的食材"，你是不是也这样认为呢？只利用最美味的部分，其余的就全部扔掉的话，实在太可惜了。一条新鲜的鱼，从头部到内脏都能被毫不浪费地利用起来。如果不嫌费事的话，甚至还能做出很有价值的料理。

❶颌　❷胸鳍　❸肛门

去鳞

❶将鱼放在毛巾上固定住，柳刃刀放平插入鱼尾向鱼头滑动，切下鱼鳞。

❷切下的鱼鳞（这种方法叫作"整切"）可以油炸后做成仙贝等。

❸ "整切"适用于死后僵硬的鲷鱼。新鲜的断筋活杀的鲷鱼在刮鱼鳞时即使使用"散切"也不会破坏鱼肉的肌理。

（译者注：活け締め，断筋活杀，即"活着完结"的意思。将鱼的神经在其活着的时候破坏，造成"脑死亡"，延缓其肉身僵硬的速度，从而保持鱼肉鲜嫩的口感和品质。）

取内脏

❶掀开鳃盖，用菜刀将鱼鳃从根部切断。将鱼翻面，另一侧鱼鳃也做同样处理。

❷由颌下方至肛门将鱼肚切开。注意不要将菜刀切入太深，以免伤及内脏。

❸抓住鱼鳃，将内脏整体剥离。

鳃的预先处理

❶将鱼鳃一片一片切开。

❷鱼鳃刷子状的部分沾了血污，可用刷帚等仔细刷洗干净。

鱼子的预先处理

轻抚鱼子表面，找到表面薄膜的最薄处，用刀划开一条切口。如果有血淤积，可用手指轻捋，将血由切口处挤出。

胃的预先处理

❶切开鱼胃。

❷菜刀的刀刃立起，将胃中的残留物捋出。

肠的预先处理

和鱼胃一样，将肠中残留物捋出。

---

❶鱼子　❷鱼白　❸肝
❹肠　　❺鳃　　❻心脏
❼胃　　❽皮　　❾鳞

胃用开水焯一下可用作生鱼片的配菜。肠切碎后可咸煮或甜煮。鳃可油炸后用作餐前小菜等。

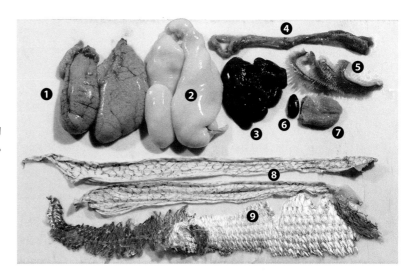

三片分割

❶ 将胸鳍部分拉向头侧，用刀斜切下头部。

❷ 在包裹内脏的腹膜上，沿脊椎骨用菜刀的刀尖划开切口。

❸ 用竹帚轻刷，掏出红色的血污。用清水冲洗干净后，仔细擦干水分。

❹ 菜刀横卧，沿中骨切开鱼身。

❺ 用菜刀的刀尖将连接在脊椎骨上的腹骨（肋骨）的根部切断。

❻ 再次将菜刀横卧，沿中骨将鱼身分离。翻面后，另一侧鱼身也做同样处理。

剥离腹骨

❶ 将菜刀刃口朝上（"反向菜刀"），将刃口从上方间隙顶出，在腹骨根部划开切口。

❷ 菜刀横卧，沿着划开的切口，顺着腹骨的方向切开，剥离出腹骨。

分割头部

❶ 由牙齿向额头方向切开头部（这种切法叫作"梨形分割"）。

❷ 切断喉部下方，将鱼头一分为二。

❶头　❷胸鳍　❸腹骨（肋骨）
❹中骨（脊椎骨以及由其上下伸展出去的骨头）

如图所示，连着胸鳍将头部切下的话，头部可用于炖菜。中骨和腹骨可干烤后再用于炖汤。

44 种

春夏秋冬

1月
虎鱼

割鲜

虎鱼揉制鱼碎团
葱花、焯水茼
蒿、螺旋状独活
丝、一味萝卜
泥、柠檬醋

汁

虎鱼白味噌汤
天王寺芜菁、
大阪茼蒿、水溶
芥末

拼盘

虎鱼荷兰煮
　芋头芽、水芹、橙皮丝

吸物

虎鱼豆腐汤
　难波葱、豆腐、生姜泥

13

虎鱼

虎鱼虽然长得丑，但是味道真的是非常不错呢

虎鱼在日语中一般写作汉字"虎魚"，也可将这两个字合二为一写作"鯱"。虎鱼是海豚的同类，但却长相狰狞。日语中将虎鱼拼读作"鯱"时，多会让人想到天守阁屋脊上呈倒立状的兽头瓦。兽头瓦的形状是一种长着老虎头、背鳍带尖刺的鱼。老虎、尖刺、鱼，这三种东西还真是缘分不浅哪。

虎鱼有很多种类，例如花虎鱼、姬虎鱼、达摩虎鱼、鬼虎鱼等，可用作食材的是鬼虎鱼。鬼虎鱼背鳍的尖刺有毒，如不小心被扎到的话，不仅会疼痛难忍，胳膊也会麻痹到无法活动。您一定注意到鬼虎鱼的名字中又是"鬼"又是"虎"了吧。鬼虎鱼的样貌之丑无鱼能出其右，但味道却极佳，并且富含胶原蛋白。

在处理虎鱼时，可怕的背鳍要先去掉，外面的鳍用开水焯一下，然后用湿布裹住将鱼骨拔出。剩下的鳍皮不仅味道好，同时也富含胶原蛋白。请看这回连胃和肝也物尽其用的"虎鱼揉制鱼碎团"，非常美味哟！用白味噌、赤酱汤调味来炖汤时，只有那颗很丑的鱼头还很坚硬。话虽如此，那颗鱼头还真是不好处理，但千万不能放弃，因为可以煮出美味的汤汁。最终，什么都没浪费，全都利用上了。

啊，突然想起来，当我还是学徒时，向田前辈都将背鳍烤过后扔掉。我就问他："为什么要将背鳍烤过后扔掉呢？"向田前辈回答道："若是收拾剩饭剩菜的大叔被背鳍扎伤的话就真是太可怜啦！"真是心地善良的人呢！

鬼虎鱼

割鲜

虎鱼揉制鱼碎团

　　葱花、焯水茼蒿、螺旋状独活丝、一味萝卜泥、柠檬醋

❶将虎鱼的背鳍和头切除，洗干净鱼身后，分切成3块。

❷将镰状鱼骨与鱼身分离，切除镰状鱼骨上的鱼鳍。将鱼皮和身皮分离，并将鱼皮、身皮与肝、胃、鱼鳍一起炖煮。鱼鳍用湿布裹住，用鱼骨钳剔出鱼刺后，与鱼皮、身皮、胃一起剁碎。肝用工具磨碎。鱼身切成细条。

❸将步骤❷中所有加工好的食材混合在一起揉捏成团，撒满葱花后装入容器中。然后在四周放上焯水后切成适当长度的茼蒿、螺旋状独活丝和萝卜泥。萝卜泥上面撒上一味辣椒。添加柠檬醋酱油。

●身皮　鱼肉与鱼皮之间明胶状的一层薄膜。

汁

虎鱼白味噌汤

　　天王寺芜菁、大阪茼蒿、水溶芥末

❶将天王寺芜菁如卷轴般环切成较厚的一长片，然后切成面条状。加水炖煮至口感较老，将汤汁盛出待用。

❷将虎鱼分割成3片，焯水后迅速冷却，加入浓厚的白味噌汁炖煮2~3小时。

❸将步骤❷中的鱼头和中骨剔除后，添加步骤❶的汤汁调味。

❹将步骤❸中的虎鱼盛入木碗中，并倒上汤汁，然后添加焯过水的茼蒿、步骤❶的天王寺芜菁，以及水溶芥末。

●天王寺芜菁　生长在大阪天王寺周边的中等大小的芜菁。糖分高、肉质紧致不容易煮烂是其特点。

拼盘

虎鱼荷兰煮

　　芋头芽、水芹、橙皮丝

❶芋头芽用八方汁炖煮。

❷将虎鱼分割成3片，焯水后迅速冷却，擦干水分，然后裹上薄薄一层淀粉后下锅油炸，之后用开水冲洗去油分。

❸昆布水和煮切酒等比混合，并添加淡口酱油、浓口酱油、甜料酒制作汤底。加入❷后快火炖煮。

❹将焯水后颜色愈加鲜艳的水芹放入步骤❸的汤汁中，并加入蛋白酥皮混合搅拌。

❺将步骤❶❸❹中所有加工好的食材一起装盘，然后浇上步骤❸的汤汁。放入橙皮丝作为点缀。

●荷兰煮　将食材油炸后再水煮的烹调方法。

（译者注：八方汁，一种高汤。"出汁"是用鲣鱼干和昆布熬出的高汤。"八方汁"则是将"出汁"煮沸后添加酒、酱油、甜料酒调味后的高汤，味道较清淡。）

（译者注：昆布水，昆布用湿布擦干净，放入水中浸泡半小时，然后用中火煮至锅底起泡，沸腾之前熄火，取出昆布，即得昆布水。昆布切记不可水洗，否则会洗掉昆布的鲜味。水也不可煮沸，昆布会煮出黏液，影响口感。）

（译者注：煮切酒，将日本清酒倒入锅中，加热至沸腾，使其中的酒精蒸发。）

吸物

虎鱼豆腐汤

　　难波葱、豆腐、生姜泥

❶将虎鱼用清水洗净后，分割成3片，但鳃盖后的镰状鱼骨无须剔除。鱼腹剔除鱼刺，然后与鱼头、中骨一起焯水后迅速冷却。

❷肝和胃袋仔细清洗后也焯热水，然后迅速冷却。

❸将步骤❶❷中加工后的食材放入锅中，加入昆布水没过食材。加入足量的酒后点火烧开。用淡口酱油调味，稍稍添加一点浓口酱油会使味道更加柔和。最后加一点甜料酒提鲜。熄火，让食材充分入味。

❹将难波葱的白色根茎部用火烤制，绿叶部分切丝。加入嫩豆腐后盛入木碗中。

鲤鱼

炊菜

大豆炖寒鲤

寿司

寒鲤勺挖寿司
　细切烤鲤鱼、
切片牛蒡、蛋皮
丝、海苔、水芹、
甜煮梅花面筋、
青花椒

烧烤

大葱烤寒鲤
　芜菁阿茶罗泡菜

割鲜

寒鲤沙拉
　生菜、胡萝卜、萝卜苗、四
季萝卜、酸橘调味汁

鲤鱼

"没吃过就觉得讨厌"的话可是一大损失哦

说起鲤鱼，大多是指畅游在广阔河流的鲤鱼，然后就是栖息在宽广湖泊中的鲤鱼。湖鲤的话，滋贺县琵琶湖的琵琶鲤堪称"日本第一"。我老师的哥哥就经常通知我们："我捉到大鲤鱼啦！"然后将引以为豪的大鲤鱼用报纸一裹，塞进包袱皮里背过来。我们会按照他的吩咐用咸梅汁调味，做一顿大餐（很好吃啊）。但是呢，室町时代的幕府管领细川胜元关于鲤鱼有一段佳话流传至今："其他国家的鲤鱼做成生鱼片后，蘸佐料酒时，筷子伸进去底料就浑浊了，而淀鲤则不然……这就是名产的证明啊。"这种淀鲤，现在也能在淀川捕捉到。但是，因为对此表示怀疑的人还是很多，所以我们就在不告诉人们鲤鱼产地的情况下，将淀鲤和某种有名的养殖鲤鱼一起让人们试吃后进行比较，结果是"两种都没有土腥味"。再问："味道是哪种更好呢？"有近八成的人回答"左边的"（淀鲤），也有人感慨"没想到鲤鱼的味道竟然很不错呀"。

鲤鱼在冬、夏两季味道最为鲜美，隆冬的寒鲤让人兴奋，初夏的生鱼片也让人无法割舍。老一套的鲤鱼酱汤和糖煮鲤鱼的味道很好，这回的大豆炖鲤鱼也非常美味。鱼杂烧烤后挑出鱼肉，可做成模压寿司。因为是用勺子挖出来分盛的，所以也叫"勺挖寿司"。

鱼鳞用菜刀刮下，风干后油炸味道非常好。鱼身用盐烤制，鱼杂加酒煮熟后挑出鱼肉做成鲤鱼味噌汤也很美味。据说，还有助于孕妇产乳。内脏和胆囊注意不要弄碎了，取出后仔细清洗，无论是用于时雨煮还是味噌煮都不错。

黑鲤鱼

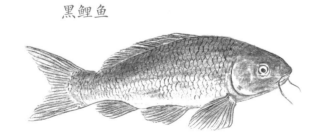

炊菜

大豆炖寒鲤

❶将大豆浸泡在水中半日泡发，然后点火将大豆煮烂。

❷鲤鱼去头，注意不要弄破鱼胆并将其取出。鱼鳞不刮，直接将鱼身切成宽度5厘米左右的筒状，然后放入水中浸泡。

❸锅中用竹笋皮铺满，然后放入步骤❷中的鱼身。添加水和酒，以及装入麻布袋的山楂果和茴香。文火慢炖6~7小时，直至鱼骨炖酥。

❹将步骤❸中装了山楂果和茴香的麻布袋取出，加入步骤❶中的大豆以及大豆汤继续炖煮一段时间，然后加入浓口酱油和砂糖调味。

❺将步骤❹中的大豆和鱼身盛入容器。

● 炊菜　大阪地区一种类似于配饭小菜的简单炖菜。

寿司

寒鲤勺挖寿司
　细切烤鲤鱼、切片牛蒡、蛋皮丝、海苔、水芹、甜煮梅花面筋、青花椒

❶准备较甜口、松软的寿司用醋饭。将已调味好的切片牛蒡切碎成末，与青花椒一起加入寿司饭中均匀混合。

❷将鲤鱼分割成3片，甜料酒和大豆酱油调制成烧烤酱。鱼肉刷上烧烤酱后烤制，烤熟后细细切碎。

❸在寿司按压模具中加入步骤❶中的寿司饭，直至装满模具的一半，然后铺上碎海苔。继续往上添加步骤❶中的寿司饭，然后轻轻压实。在饭上铺一层碎海苔、一层步骤❷中的鱼肉、一层蛋皮丝，再点缀上切成小段的水芹和甜煮梅花面筋后，盖上盖板，并在盖子上放上石镇。

❹移开步骤❸中的石镇和盖板后，将剩下的模具连同寿司一起放入盘中。将模具抽离。

烧烤

大葱烤寒鲤
　芜菁阿茶罗泡菜

❶制作黄金沙拉酱。鸡蛋煮熟后挑出蛋黄用滤网碾碎，然后加入蛋黄酱、切碎的欧芹、生蛋黄、盐、胡椒充分混合。

❷大葱（难波葱）的白色部分切成小段，用少量色拉油煸炒，加入胡椒、盐调味后放入步骤❶中的沙拉酱中。

❸鲤鱼去鳞，分割成3片，剔除鱼骨后撒盐腌制。

❹将步骤❸中的鱼肉切成适当大小，用铁扦穿成串儿慢火烤制。刷上融化的黄油继续烧烤。刷上步骤❷的大葱黄金沙拉酱后烤至焦黄。

❺配上天王寺芜菁阿茶罗泡菜。

● 阿茶罗　用辣椒、甜醋腌制的泡菜。

割鲜

寒鲤沙拉
　生菜、胡萝卜、萝卜苗、四季萝卜、酸橘调味汁

❶制作酸橘调味汁。准备酸橘汁3、淡口酱油3、米醋0.5、甜料酒1、煮切酒1.5，将以上食材按比例混合，泡入昆布，静置3日。加入色拉油3、橄榄油3，充分混合。

❷将鲤鱼从鱼脊尾部开始分割成3片，注意不要弄破鱼胆。剥离腹骨，分离鱼皮后用清水洗净。

❸将寒鲤生鱼片配上蔬菜装盘。步骤❶的酸橘调味汁中加入柠檬、胡椒粉以增加些许辣味。最后，在生鱼片上淋上调味汁。

● 酸橘调味汁　作者自创的以酸橘汁为基础的调味汁。

剥皮鱼

割鲜

剥皮鱼生鱼条
　焯水菠菜、配
菜、鱼肝柠檬醋

割鲜

剥皮鱼焯水生鱼
片
　水芹末、四季
萝卜的螺旋状切
丝、胡萝卜、鱼
肝甜辣酱

煮鱼

共肠夹心剥皮鱼
　难波葱茎、白
薯、辣椒丝、葱
丝、柠檬汁

蒸物

盐蒸剥皮鱼
　卤豆腐、干香菇、粉丝、茼
蒿、香辛料、柠檬醋

21

剥皮鱼

薄切生鱼片的话长剥皮更加美味，肝脏则是圆剥皮更胜一筹

　　剥皮鱼，因为要先剥去它那如同砂纸般粗糙的鱼皮，然后才能调理使用，故而得名。这个名字也因为能与"在赌博中连衣服都输得一干二净"联系在一起，所以赌徒或者以赌博为生的人一般都不吃剥皮鱼。说起剥皮鱼，那可真是名字一大堆，很是让人头疼。剥皮鱼学名"丝背细鳞鲀"，与其同纲目的有种叫"马面鲀"的鱼，因为长得像马而得名。马面鲀在大阪也叫作"长剥皮"，而丝背细鳞鲀因为形态更加圆润所以也叫"圆剥皮"，这些都可算作昵称啦！

　　也许是要震慑对手吧，无论是长剥皮还是圆剥皮的眼睛上方都长了根角。向前突出的樱桃小口中长着和河豚一样的扁平牙齿，可以将鱼饵咬碎吃掉，所以根本不咬钩，由此也叫作"偷饵鱼"。5月到8月是剥皮鱼的产卵季节，所以秋末到冬季是剥皮鱼味道最好的时期。剥皮鱼长至5~8厘米长时，会躲藏在浮游藻类中随波漂流，然后就会在沿岸浅海底带藻类繁生地定居下来。想必大家也都知道剥皮鱼肝脏的美味程度丝毫不亚于河豚，而圆剥皮的肝脏比长剥皮的更加美味。做成薄切生鱼片时肉质也与河豚很像，但我觉得长剥皮要比圆剥皮更胜一筹。同时入手长剥皮和圆剥皮的话，一定要尝试不同的做法哦。也有人将生的肝脏和生鱼片搭配在一起，但我觉得肝脏还是要煮熟了才好吃。

　　圆剥皮炖煮后鱼肉更加容易分离，味道也非常不错，但是肝脏富含脂肪容易煮碎是一大难点。但无论是做鱼肉火锅还是生鱼片，只有搭配肝脏才算是发挥了剥皮鱼的真正价值。也有将剥皮鱼腌制晒干后烧烤的做法。甜料酒腌鱼干、海胆酱腌鱼干、花椒腌鱼干、鱼露腌鱼干，或者就是简单地用盐腌制后风干，刷上黄色蛋黄酱烤制也非常不错。

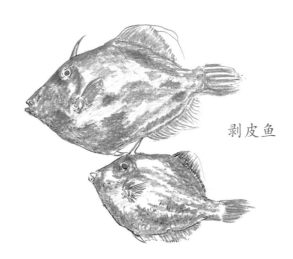

剥皮鱼

割鲜

剥皮鱼生鱼条

　　焯水菠菜、配菜、鱼肝柠檬醋

❶马面鲀分割成 3 片，刮下身皮。

❷身皮焯水后切成丝。

❸鱼杂加盐蒸熟后，剔下鱼肉。

❹鱼肠煮熟后切碎。鱼肝用盐水煮熟后用滤网碾碎。

❺将菠菜的茎与叶分离，然后焯水。

❻在寿司卷的竹帘上先铺上步骤❺的菠菜叶，然后放上菠菜茎、步骤❹的鱼肠碎、步骤❷的身皮丝、步骤❸的鱼肉卷成寿司卷，最后用刀切成能一口吃下的大小。

❼将步骤❶的鱼肉切丝，用手捏成团后装盘，并搭配步骤❻的寿司卷和配菜。

❽步骤❹的鱼肝搭配柠檬醋使用。

割鲜

剥皮鱼焯水生鱼片

　　水芹末、四季萝卜的螺旋状切丝、胡萝卜、鱼肝甜辣酱

❶马面鲀分割成 3 片后，将 2 片鱼身简单焯水后切成生鱼片。

❷将水保持在 50℃ ~70℃ 左右的中温，将步骤❶的生鱼片再次焯水后用冷水冷却。

❸将鱼肝煮熟后用滤网碾碎，然后放入用田舍味噌制作的甜辣酱中混合均匀。

❹在步骤❷的生鱼片上撒满水芹末后装盘，并用四季萝卜装饰。另取小碟子装入步骤❸的鱼肝甜辣酱，搭配生鱼片食用。

煮鱼

共肠夹心剥皮鱼

　　难波葱茎、白薯、辣椒丝、葱丝、柠檬汁

❶将圆剥皮分割成 3 片。

❷鱼杂用少量的水和酒煮熟后挑出鱼肉，鱼肝和鱼肠煮熟后分别研磨成肉糜。

❸用步骤❷煮剩的汤汁继续煮难波葱的绿叶部分。

❹难波葱的茎直接干烤后，卷上步骤❸的葱叶。

❺白薯切圆片。

❻在步骤❶的身身的鱼皮一侧放上步骤❷的各种食材，然后盖上另一片鱼身，用牙签固定，撒上淀粉下锅油炸。

❼锅中放入步骤❺❻的食材、步骤❷的汤汁、浓口酱油、砂糖、酒、辣椒粉，开始煮鱼。出锅后挤上柠檬汁。

❽撒上白色葱丝、红色辣椒丝点缀。

（译者注：共肠，"肠"指的是鱼肠或者鱼的内脏，"共肠"就是用作食材的该条鱼的鱼肠或内脏。）

蒸物

盐蒸剥皮鱼

　　卤豆腐、干香菇、粉丝、茼蒿、香辛料、柠檬醋

❶圆剥皮分割成 3 片。鱼杂用昆布水文火慢炖后，剔出鱼肉。

❷鱼肝和鱼肠加盐煮熟后切碎。

❸圆剥皮的鱼身上稍稍抹盐腌制两小时，然后切成适当的大小。

❹卤豆腐挤干水分后用滤网碾碎，加入山药泥、澄粉，然后与步骤❶❷的食材混合均匀，捏成能一口吃下的大小放入蒸笼蒸熟。粉丝用温水泡发。

❺步骤❶的汤汁中加入盐、淡口酱油调味。

❻在容器中放入步骤❸❹的食材以及香菇、茼蒿，然后倒入步骤❺的汤汁。将容器放入蒸笼蒸。配菜用干辣椒萝卜泥、酸橘、胡葱。搭配柠檬醋食用味道更佳。

蛤蜊

割鲜

蛤蜊焯水切片
外套膜与肝脏的
寿司卷
　焯水针乌贼、
山葵、防风、混
合梅醋

温菜

盐煮蛤蜊
　捆扎裙带菜、
斜切独活、花椒
嫩芽

烧烤

款冬味噌酱烤蛤
蜊和竹笋
芝麻味噌酱烤蛤
蜊和山药
　醋泡蘘荷

下酒菜

豆腐昆布汤
蛤蜊时雨煮
　鸭儿芹、花椒
嫩芽

蛤蜊

日本料理的鼻祖，磐鹿六雁命进献的凉拌菜就是醋拌蛤蜊

日本第十二代天皇景行天皇出行房总时，随行的磐鹿六雁命首次制作进献的凉拌菜就是醋拌蛤蜊。正如从事日本料理的业内人士所周知的那样，天皇大大称赞了这道菜，此后磐鹿六雁命就成了皇家御厨。这种蛤蜊，当时在日语中写作"白蛤"，读作"umugi"。但到底是什么样的东西如今是无法知晓了。

蛤蜊在日语中也可以写作"浜栗"，此外也有"麻雀飞入海中变成了蛤蜊"这样没什么道理的故事。从这两点来看，栗色的蛤蜊，拥有如同麻雀羽毛颜色般美丽的深褐色，壳薄且肉质饱满，是众所周知的美味。那么白色的蛤蜊到底是什么样的蛤蜊，对比现在的蛤蜊种类来看，大概是朝鲜蛤。这种蛤蜊体形较大，壳也更厚，因此从过去到现在一直都用于围棋子和赛蛤壳游戏，以及加工制作香料盒、药盒等。正所谓"鱼与熊掌不可兼得"，同一种蛤蜊也不可能肉也好吃，壳也好用。

蛤蜊属于帘蛤科类贝壳，栖息在日本北陆以南海湾地区的河海交界的砂质或泥质水底，一直以来都是人们赶海的对象。据说在关西地区，纪州加太的海滨、泉州堺的海滨、住吉的河滨，赶海的热闹程度可媲美节日活动，现在可能是无法想象了。然后，收获蛤蜊的渔民会将蛤蜊去壳，将蛤蜊肉作为特产卖给来住吉神社参拜的游客；当地人则将蛤蜊做成醋拌蛤蜊食用。

（译者注：房总，日本旧时的安房、上总、下总三国的合称。）

蛤蜊

割鲜

蛤蜊焯水切片
外套膜与肝脏的寿司卷
　焯水针乌贼、山葵、防风、混合梅醋

❶盐渍梅肉 2、煮切酒 3、酱油糟 3，将以上材料按比例混合，用米醋调和味道。放入昆布浸泡 5 小时后过滤。
❷将独活如卷轴般环切成一长片。裙带菜煮熟后挑选较长的整齐摆放。
❸割开大个头的蛤蜊，取出蛤蜊肉，剥离外套膜和肝脏。蛤蜊肉切片，用少量昆布水加酒焯水去腥，然后迅速冷却。接着，肝脏和外套膜也做同样处理。过滤出焯水后的汤汁放入蛤蜊肉浸泡。
❹肝脏和外套膜用步骤❷的独活片和裙带菜裹成卷后切开。
❺针乌贼洗净后直接焯水。
❻将蛤蜊肉、步骤❸❹❺的食材一起装盘，并点缀上防风。
❼在步骤❶的料汁中加入步骤❸的汤汁，另取小碟盛放。

温菜

盐煮蛤蜊
　捆扎裙带菜、斜切独活、花椒嫩芽

❶蛤蜊放入铁篓子，用盐水浸泡，使其吐出泥沙。
❷裙带菜煮熟，理顺枝叶。用煮熟的鸭儿芹捆扎裙带菜，每隔 6 厘米左右切断。
❸独活去皮，斜切分段。
❹小锅中倒入昆布水。先放入蛤蜊肉，煮沸前加酒。然后放入步骤❷的捆扎裙带菜。蛤蜊开口时品尝咸淡，适当添加盐。加入花椒嫩芽或者生姜汁提升香气。

烧烤

款冬味噌酱烤蛤蜊和竹笋
芝麻味噌酱烤蛤蜊和山药
　醋泡蘘荷

❶将嫩笋和米糠、干辣椒一起水煮。捞出后切成长条状，放入八方汁炖煮。
❷山药切成 5 厘米长的小段，去皮用盐蒸后切成长条状。
❸款冬花茎焯水去苦味，捞出后冷却。清水洗净后，用刀切碎。用力拧干水分后下油锅煸炒。红味噌用酒化开，加糖调味，熬制成酱。
❹白味噌用酒化开，加少量砂糖和蛋黄，小火熬制，出锅撒上碎芝麻。
❺割开大个头的蛤蜊，烤至水分干涸，装回蛤蜊壳中。在两瓣蛤蜊壳中分别装入步骤❶❷的嫩笋条和山药条，嫩笋条配步骤❸的款冬花茎味噌酱，山药条配步骤❹的芝麻味噌酱。放入烤箱烤制。
❻用醋泡蘘荷点缀装盘。

下酒菜

豆腐昆布汤
蛤蜊时雨煮
　鸭儿芹、花椒嫩芽

❶取小蛤蜊加少量酒煮沸去腥，蛤蜊开口后剥去外壳。煮剩的汤汁中加过滤酱油、浓口酱油、甜料酒、生姜丝调味，用作时雨煮的底料。将蛤蜊肉放入该底料中炖煮，注意不要将汤汁煮干，多留点水分。
❷嫩豆腐用昆布水炖煮后，捞出装入木碗中，在豆腐上浇上蛤蜊时雨煮。
❸在时雨煮上撒上焯水后颜色越发鲜艳的鸭儿芹，并点缀上花椒嫩芽。

2月

鲆鱼

油炸物

油炸寒鲆和培根
大葱卷
　　橙汁蔬菜

烧烤

盐烤鲆鱼鳍
　　独活、酱
油糟味噌、
柠檬

油炸物

龙田油炸寒鲆鱼鳍
  芹菜阿茶罗泡菜、柠檬、蛋
黄萝卜泥

割鲜

寒鲆沙拉
  切丝山药、水芹、香橙

鲆鱼

虽然经常被人说坏话，但是味道极佳

　　菖蒲杜若，难分伯仲。将美人比喻成花倒也无可厚非，但是鲆鱼和鲽鱼的长相谈不上好看，不过它们二者极为相似，很长一段时间以来人们都难以区分，这一点倒是与菖蒲和杜若很像。虽说现在都按"两只眼睛都在左边的是鲆鱼，都在右边的是鲽鱼"来区分，但是确实也有两只眼睛都长在左边的鲽鱼。也有"嘴大的是鲆鱼，嘴小的是鲽鱼"这样的说法。鲆鱼拥有平贴在海底，将身体颜色调整成海底沙石颜色的隐身术，只有眼睛如同潜望镜般突出在外。当猎物靠近时，鲆鱼会突然张大嘴巴，嘴巴之大让当时在看电视的我吓了一大跳。也难怪会有这样的说法。另外，眼睛都偏向一侧是有对父母怒目而视的意思，所以鲆鱼在大分县有"亲不孝"，在高知县有"亲怒目"的别名。关于鲆鱼也有这样的逸闻，良宽和尚小时候曾被父母训斥"对父母怒目而视的话，会变成鲆鱼哦"，听完这话，良宽和尚就去了海边等待自己变成鲆鱼。

　　虽然经常被人说坏话，但是鱼肉的口感之顺滑、味道之鲜美，无鱼能出其右。将鲆鱼如同河豚般切成薄切生鱼片，蘸柠檬醋酱油食用，味道极佳。将鲆鱼覆上和纸后撒盐静置一夜，这种鱼肉的绵密、筋道的口感，无论是做成生鱼片还是寿司，在江户和上方都备受喜爱。被称为"缘侧"的左右鱼鳍以及包裹鱼鳍基部骨头的鱼肉，现在可是美味中的美味，在哪儿都广受欢迎呢。"缘侧"在我们小时候叫作"缘鳍"。生吃的话，脂肪浓厚，腥味太重，所以一般采用盐烤或者酱烤、油炸后炖煮的料理方法。从喜爱虾蟹、康吉鳗的美食家口中听到对鲆鱼美味的评价是理所当然的，但是正如谚语"阴历三月的鲆鱼没法吃"所说的那样，春季的鲆鱼身量还很细长，要是真的入手了春季的鲆鱼，那么请只吃肝脏！

　　（译者注：江户，日本东京的旧称。上方，旧指日本京都及附近地区，现指以京都、大阪为中心的近畿地区。）

鲆鱼

油炸物

油炸寒鲆和培根大葱卷
　橙汁蔬菜

❶大葱（难波葱）直接用火干烤。

❷将鲆鱼分割成 3 片，然后将鱼肉切成长方形薄片，稍稍撒盐。

❸培根切薄片，在此猪肉片上放上步骤❷的鱼肉片，以步骤❶为芯，卷成肉卷。外面裹上海苔固定。

❹将步骤❸的海苔卷裹上用淀粉、玉米淀粉、鸡蛋清调制的面衣后，放入 160℃ 的色拉油中油炸。出锅后切成 2~3 厘米厚的小段。

❺胡萝卜、竹笋切成 5~6 厘米长的细条，鸭儿芹也切成 5~6 厘米长的细条，将以上食材分别焯水去涩。

❻锅中放入二番汁加热，用淡口酱油和砂糖调味。放入步骤❺的各种蔬菜，加橙汁和米醋，制作糖醋时蔬。

❼容器中铺上步骤❻的糖醋时蔬，然后堆叠上步骤❹的油炸海苔卷，最后用欧芹做装饰。

（译者注：一番汁与二番汁。

昆布用湿布擦干净，放入水中浸泡半小时，然后用中火煮至锅底起泡，沸腾之前熄火，取出昆布，剩下的昆布水煮沸后加入鲣鱼干，再次煮沸后立刻熄火，去除浮沫杂质，鲣鱼干待其自然沉淀后用纱布和料理纸等过滤，此时得到一番汁。

刚刚炖煮一番汁过滤出的昆布和鲣鱼干加水放入锅中大火烧开，沸腾后改小火，继续煮 10 分钟左右，然后添加新的鲣鱼干，一旦沸腾立刻熄火，去除浮沫杂质，待鲣鱼干自然沉淀后用纱布和料理纸等过滤，此时得到二番汁。）

烧烤

盐烤鲆鱼鳍
　独活、酱油糟味噌、柠檬

❶将鲆鱼的鱼鳍连皮带骨头一起切下来，撒盐腌制。活鱼需腌制 5~6 小时，非活鱼需腌制 3 小时。

❷将步骤❶鱼鳍穿上铁扦烤制。

❸在容器中放入步骤❷的烤鱼鳍、独活、酱油糟味噌，然后点缀上柠檬。

油炸物

龙田油炸寒鲆鱼鳍
　芹菜阿茶罗泡菜、柠檬、蛋黄萝卜泥

❶用剪刀剪下寒鲆（比起柔软的活鱼，死后僵硬的鱼反而更容易入味）的上下鱼鳍骨后，刮去鱼鳞，连皮带骨切下整块鱼鳍。

❷按一个人切 3 块的比例切分鱼鳍，用酒、浓口酱油、少量甜料酒腌制。

❸均匀裹上淀粉后下锅油炸。

❹用芹菜阿茶罗泡菜点缀装盘。搭配蛋黄萝卜泥和柠檬食用。

（译者注：龙田油炸鱼，一种日本菜肴，在用盐、酱油、料酒等浸好的鱼肉上撒满淀粉后油炸而成。因其色红，故用红叶的圣地龙田川命名。）

割鲜

寒鲆沙拉
　切丝山药、水芹、香橙

❶寒鲆分解后做成薄切生鱼片。

❷山药切丝。

❸水芹尽量准备野生的，叶片保留，茎部切碎。

❹酸橘调味汁中加入辣味鳕鱼子酱混合。

❺容器中放入步骤❶的生鱼片和步骤❸切碎的水芹茎。然后装饰上步骤❷的切丝山药和步骤❸的水芹叶。浇上步骤❹的酱汁。最后，用香橙丁做点缀。

赤舌鲆

烧烤

烤风干鱼酱腌赤
舌鲆
　咸梅汁泡莲藕

吸物

赤舌鲆鱼汤
　干烤难波葱、
葱丝、生姜泥

炊菜

赤舌鲆鱼红酒冻
　慢煮油菜、香
橙

割鲜

纳豆拌赤舌鲆
　山药丝、葱
丝、山葵、昆布
酱油

赤舌鲆

事先去除赤舌鲆鱼身上多余的水分非常重要

　　鲆鱼一节中已经提过"两眼都在左则是鲆鱼，两眼都在右则是鲽鱼"，即将鱼腹面朝自己放置，头朝左的是鲆鱼，头朝右的是鲽鱼。鲽鱼的种类非常多，虽然大多眼睛都在右，但也存在"不按规矩行事"的异类。达摩鲽鱼的一种，舌鳎鱼就是眼睛都在左。鲆鱼一节中也提到过"嘴大的是鲆鱼，嘴小的是鲽鱼"，鲽鱼目舌鳎科的牛舌头鱼就如上所说，嘴小、肉质绵软。牛舌头鱼也分黑牛舌、红牛舌、条纹牛舌等，也有鞋底鱼、草鞋鱼、木屐鱼、草履鱼等绰号。英语和德语表示"牛舌头鱼"的单词含有"舌头鱼"的意思，法语的"sole"也含有"脚""鞋底"之类的意思。

　　不知道为什么大阪人都管牛舌头鱼中的红牛舌叫作"赤舌鲆""狗舌头""牛斗鱼"等。西餐中，黄油面拖鱼和油炸鱼等很受欢迎；日料中，多是做成炖鱼和鱼冻这样的小菜。牛舌头鱼肉质绵软，鱼腥味淡是因为水分多，通过风干、盐腌去除多余水分的话，就完全可以用于餐厅料理。稍稍撒盐后包裹上脱水薄膜脱去水分，要是够新鲜的话，生吃也可以。轻微脱水后分割成 5 片，可以做海胆烧、鳕鱼子烧、利久烧。切薄片与培根卷成卷下锅油炸，裹上熟鹌鹑蛋黄下锅油炸也不错。多动脑筋的话，还能找到更多料理的方法。鱼骨仙贝也不可错过哦！赤舌鲆在所有牛舌头鱼中是味道最为浓厚的。我们一起用创意来开发更多具有专业水准的美味吧！

赤舌鲆

烧烤

烤风干鱼酱腌赤舌鲆
　咸梅汁泡莲藕

❶制作咸梅汁泡莲藕。选取柔软的藕段切成花的形状，焯水去黏液。塞入干辣椒后，放入咸梅汁中浸泡。

❷切掉赤舌鲆的头、鳍和尾，沿着背骨切开鱼身，切成适当的大小。

❸玉筋鱼酱或酒盗用酒溶解，将步骤❷的鱼身放置其中浸泡一夜后风干。

❹将半干的❸离火远一点烤制，涂上化开的熟蛋黄，继续烧烤。

❺将步骤❹的烤鱼盛入容器中，用步骤❶的莲藕和梅花枝装饰。

（译者注：酒盗，咸鲣鱼肚，咸鲣鱼内脏。意为一旦成为下酒菜，就不惜偷酒来饮的美味。）

吸物

赤舌鲆鱼汤
　干烤难波葱、葱丝、生姜泥

❶赤舌鲆清洗干净后，切除头尾。由鱼鳍的上下往背骨入刀，鱼鳍用剪刀连皮带骨剪下，鱼身切成适当厚度。

❷将步骤❶的鱼鳍和鱼身焯水后迅速冷却，放入等比的昆布水和酒炖煮。用淡口酱油和浓口酱油调味，汤味稍微调咸一点。

❸将步骤❷的鱼鳍和鱼身取出。在汤中加入淡口酱油和酒调味，然后用少量浓口酱油提鲜。

❹难波葱的白色部分直接用火干烤，绿色部分切碎。

❺在容器中放入步骤❸（这回只用鱼身）和步骤❹的葱。鱼身上添加生姜泥。

炊菜

赤舌鲆鱼红酒冻
　慢煮油菜、香橙

❶将赤舌鲆分割成 5 片，鱼骨和头焯水后迅速冷却，鱼身则以鱼皮为内侧卷成卷，用竹皮带扎好固定。

❷在二番汁中放入❶，添加红酒、淡口酱油、浓口酱油、砂糖慢煮。

❸取出步骤❷中的鱼骨和鱼头，解开鱼身卷上的竹皮带。将鱼身放入鱼冻盒，汤汁过滤后也倒入鱼冻盒。将鱼冻盒放入冰箱冷冻（若汤汁凝固力不够，可适量添加明胶）。

❹取出步骤❸的鱼冻盛入容器中，配上慢煮油菜，并点缀橙皮丝。

（译者注：竹皮带，竹笋皮撕成的条状物。）

割鲜

纳豆拌赤舌鲆
　山药丝、葱丝、山葵、昆布酱油

❶淡口酱油和煮切酒同比混合，用甜料酒提鲜，制作昆布酱油。

❷纳豆切碎，用研钵研磨，加少量蛋黄。

❸山药切丝并整齐摆放，稍稍洒盐水使其软化，注意不要折断。

❹取新鲜的赤舌鲆分割成 5 片，去皮后撒一点点盐。用脱水薄膜包裹两小时左右去除多余水分。切成长条后用❶调味，并薄薄撒上一层❷。

❺搭配步骤❸的山药丝、葱丝、山葵，蘸取❶食用。

马鲛鱼

割鲜

香熏马鲛鱼生鱼片
　　泡水洋葱、辣椒丝、葱白
丝、罗勒风味酸橘调味汁

烧烤

竹叶烤香菇马鲛鱼
　　黄油、酱油、香橙

寿司

马鲛鱼的银皮棒寿司
　　香橙、花椒

蒸物

道明寺蒸马鲛鱼
　　鹌鹑蛋、咸海参肠、薯蓣
泥、切丝马鲛鱼干、梅花面筋

马鲛鱼

味道最好的时期和渔业丰收的时期并不一致

马鲛鱼在日语中写作"鰆"，即"春天的鱼"的意思。确实，春天是马鲛鱼大量丰收的时期，但是味道方面的话，我不认为春天是最好的时期。与其将"鰆"理解为"春天的鱼"，倒不如理解为"鱼的春天"，即"鱼的青春期"更为合适。因为鱼大多在春天产卵，马鲛鱼也不例外。

马鲛鱼和寒鰤一样，卵巢也能制成唐墨（咸鱼子干）。6~7厘米的幼鱼被称为"细腰"，也许是让人联想到身材修长的女性的细腰，所以也叫"细腰"。马鲛鱼的腰腹狭长，自然腹部也是瘪的。但是这样的马鲛鱼一到春天，无论雌雄都因为到了繁殖期而腹部圆润（因为腹中充满精子/卵子）。在寻找自己的另一半，为了恋爱而神魂颠倒的时期，最终一不留神被捕获，仔细一想还有点可怜。站在人类的角度来看，春季是渔业丰收季，但还谈不上味道最好的时期。秋冬时期鱼类返回深海，渔获变少，但是为了来年产卵做准备，鱼类会开始囤积腹部脂肪，因此味道也更好。我觉得，和其他鱼不同，马鲛鱼却是鱼尾比鱼腹的味道更好。

马鲛鱼和金枪鱼同属鲭鱼科。生活在日本近海的马鲛鱼除了本种之外，还有牛马鲛、横纹马鲛、平马鲛、台湾马鲛，一共5种。大阪常见的就是本种马鲛鱼以及马鲛鱼的幼鱼"细腰"。很久以前，岸和田的城主非常喜欢的"绳卷寿司"就是把"细腰"和薯蓣用草叶包裹后用绳子一圈圈扎紧的一种食物。现在作为餐厅的餐前小菜的一种，多用沙钻鱼、虾、马步鱼等制作的小袖寿司，说不定就是由此起源的呢。

马鲛鱼

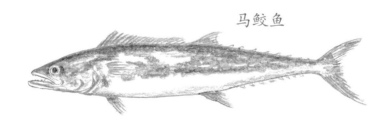

割鲜

香熏马鲛鱼生鱼片

　泡水洋葱、辣椒丝、葱白丝、罗勒风味酸橘调味汁

❶新鲜的马鲛鱼用中等程度的盐腌制6小时左右。用樱花木屑烟熏马鲛鱼后冷却放置。

❷烟熏后的马鲛鱼切薄片。

❸洋葱切细条，泡水去辛辣。

❹罗勒用刀切碎，葱白切丝。

❺在泡过水的洋葱上堆叠步骤❷的生鱼片，然后添加步骤❹的罗勒碎、葱白丝以及辣椒丝，最后浇上酸橘调味汁。

烧烤

竹叶烤香菇马鲛鱼

　黄油、酱油、香橙

❶将马鲛鱼切成2厘米厚、12厘米长的鱼段，用幽庵烤鱼法烤制。一人份是两块鱼段。

❷蛋清中加盐搅拌均匀。准备生香菇、黄油、酸橙（或酸橘）、较宽的竹叶、灯芯草。

❸用步骤❶的幽庵酱汁清洗生香菇，然后用两片鱼段夹住香菇，并放上一小块黄油。用3片竹叶包裹好夹心鱼段，并用灯芯草绑好两端和中央。最后，涂上步骤❷的盐味蛋清后放入烤箱烤制。

❹挤上酸橙汁后食用。

（译者注：酱油、酒、甜料酒等调制成酱，并添加香橙片、橙汁，用这种酱腌制鱼肉后再烤制，就是幽庵烤鱼法。）

寿司

马鲛鱼的银皮棒寿司

　香橙、花椒

❶马鲛鱼的鱼腹、鱼身上抹盐后静置一晚。将鱼放入米醋和香橙汁中浸泡，待鱼肉变白，用昆布包好放置6小时左右。

❷寿司醋中加入香橙汁，然后一起拌入寿司饭中，最后再加入香橙末拌匀。充分混合后，将寿司饭捏成棒状。

❸在步骤❶的马鲛鱼的鱼皮一侧划上刀口，制作成中等大小的棒寿司。

❹在划开的刀口上涂上吉野醋，并配上花椒。

蒸物

道明寺蒸马鲛鱼

　鹌鹑蛋、咸海参肠、薯蓣泥、切丝马鲛鱼干、梅花面筋

❶马鲛鱼分割成3片后撒盐。

❷昆布水加盐，加热至60℃左右。放入道明寺干饭蒸熟。

❸佛掌薯蓣磨成泥，用二番汁化开。用淡口酱油稍稍调味做成薯蓣泥汁。

❹咸海参肠切碎。

❺将马鲛鱼干泡发，切丝后煮汤。

❻马鲛鱼切块，鱼皮一侧用刀划开口子，然后包上步骤❷的米饭，铺上昆布后上锅蒸熟。快出锅时加入打发成泡沫的蛋清稍蒸一会儿。步骤❸的薯蓣泥汁加热后倒入木碗中。在打发成泡沫的蛋清上放上鹌鹑蛋和咸海参肠。最后点缀上步骤❺的马鲛鱼丝。

（译者注：道明寺干饭，将糯米蒸熟后晾干而成，过去用作军粮和旅行干粮。）

银鱼

油炸物

油炸三色银鱼
　　款冬花茎、海
青菜

烧烤

香橙味噌酱烤紫
竹笋银鱼
　　梅肉烤百合
根、紫竹笋

醋物

梅煮薯蓣寿司
白煮蛋黄寿司
　吉野醋、黄莺
莴苣

温菜

银鱼鸡蛋汤
　百合根、水
芹、香橙

银鱼

因为其独特的腥味，熟食比生食更合适

　　银鱼美丽的半透明身躯上点缀着黑亮的眼睛。银鱼的身姿让我想起诗人佐佐木幸纲的诗"身の透ける白魚の身をかなしみて、酒飲みおれば夜ぞ更けにけり"（为了银鱼那透明的身躯而伤心，举杯饮醉之时不知不觉夜已深）。

　　银鱼属于鲑鱼目银鱼科，在水中时身体是透明的，因此看起来就像只有眼睛在移动。雄鱼的尾鳍长有少量鱼鳞，雌鱼的体长稍微长一些，可通过这两点分辨雌雄。银鱼夏秋时节生活在海里，到了一二月份的产卵期，雄鱼和雌鱼分别成群往江河入海口移动，然后就被渔民设置在此的抬网捕获，这样的结果不知怎的让人觉得有点伤感……

　　如今也有"生吃银鱼"这样的料理。将在水中游来游去的银鱼用网勺捞起，浸泡三料调和醋后，与其说是吃下去，倒不如说是喝下去。银鱼离水后很快就会死亡，因此想要生吃银鱼不去渔场附近肯定不行，并且这种吃法有点残忍，我不喜欢。但是这种料理使用真正的银鱼的非常少，大多数都是用的白虾虎鱼，即虾虎鱼的幼苗或小鱼，体长都不及银鱼的一半5厘米长，但比银鱼要好吃点。因为真正的银鱼带有一种与其身姿不符的独特的鱼腥味，所以最好还是煮熟了再食用。

　　天正十二年（1584），德川家康参拜摄津的住吉神社和多田满仲的庙宇时，大雨中承蒙佃村的村长用渔船送他渡过神崎川。作为这份好意的回报，德川家康将佃村的人邀请至江户，将佃岛赐予他们居住。他们每年向德川家康进献其大爱的银鱼一事非常有名。此后，说起银鱼，人们都知道是江户名产，此外也会想起歌舞伎狂言《三人吉三》中的名句"月もおぼろに白魚の、かがりも霞む春の空……"（月色朦胧如银鱼，篝火迷蒙似春日的雾霭……）。

　　（译者注：三料调和醋，用醋、甜料酒、酱油调和制成。）

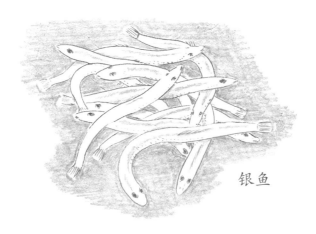

银鱼

油炸物

油炸三色银鱼
　款冬花茎、海青菜

❶准备白色、绿色、桃红色 3 种颜色的熟糯米粉。
❷款冬花茎由上至下十字切开，裹上淀粉放置一边。准备海青菜干。
❸取 5~6 条银鱼，用海苔扎成捆，一人份需制作 6 捆，裹上小麦粉后放置一边。
❹制作天妇罗面衣，6 捆银鱼都裹上面衣后，每两捆再撒上不同颜色的熟糯米粉下锅油炸。
❺海青菜干也裹上天妇罗面衣下锅油炸。款冬花茎裹上淀粉下锅油炸。
❻小碟中放入精制烤盐。

烧烤

香橙味噌酱烤紫竹笋银鱼
　梅肉烤百合根、紫竹笋

❶白味噌中加入蛋黄、酒、甜料酒，文火熬制。冷却后加入少量的香橙泥和果汁调味。
❷银鱼用盐水清洗后，整齐摆放在竹篓里。
❸紫竹笋焯水后稍稍用盐煸炒，分成 4 瓣，再切成 8 厘米长的竹笋段。
❹百合根加盐蒸熟。
❺过滤后的梅肉中添加甜料酒，再拌上蛋白酥皮增加黏稠度。
❻切成长条的萝卜由铁扦尖端插入底部，然后在其上穿入两段紫竹笋段。两段紫竹笋段中间留点空隙，空隙中放入银鱼，用笋段夹紧。穿 4 串这样的烤串用火烤制。拔出铁扦，薄薄涂上一层步骤❶的味噌酱后放入烤箱烤制。
❼烤箱烤制❹，涂上❺后再烤制后搭配银鱼装盘。

醋物

梅煮薯蓣寿司
白煮蛋黄寿司
　吉野醋、黄莺莴苣

❶土佐醋中加入吉野葛粉，制作吉野醋。
❷佛掌薯蓣蒸熟，趁热用滤网碾碎后，添加米醋、砂糖、盐，制作成薯蓣泥寿司饭风味。
❸蛋黄中加入蛋黄 1/10 量的蛋白充分溶解，添加米醋、盐、砂糖制作成蛋黄寿司饭风味，隔水煮至七分熟。
❹银鱼用盐水清洗，整齐摆放在保鲜膜上，蒸熟后分两份放入锅中，锅中统一加昆布水、酒、盐、砂糖。其中一个锅中加咸梅汁，改变银鱼颜色，并添加酸味，制作梅汁煮银鱼。另一个锅中加米醋添加酸味，制作白煮银鱼。两个锅都将汤汁煮干为止。
❺白煮银鱼配上步骤❸的蛋黄捏成寿司，梅汁煮银鱼配上步骤❷的佛掌薯蓣捏成寿司，再涂上一点吉野醋。用雕成黄莺状的昆布水泡莴苣做装饰。

（译者注：土佐醋，醋中加入鲣鱼干的粉末、昆布、砂糖、酱油，小煮而成。用于拌鱼和蔬菜。）

温菜

银鱼鸡蛋汤
　百合根、水芹、香橙

❶银鱼用盐水清洗后，整齐摆放在竹篓中。
❷小锅中注入二番汁，添加酒、淡口酱油、盐、甜料酒，制作成较甜口的汤汁。
❸百合根撕成片放入❷炖煮，煮熟后捞出粗粗捣碎。
❹步骤❷的汤汁中放入水芹，煮至变色捞出。
❺步骤❹的小锅中首先铺上百合根，在百合根上整齐铺上银鱼，然后再将水芹放回锅中稍微煮一会儿，使其入味。浇入打散的鸡蛋，边浇边用筷子搅拌，使鸡蛋也能流入锅底。盖上锅盖，用文火慢炖。撒上橙皮丝。

3月
针鱼

烧烤

海胆干与鳕鱼
子干烤针鱼
　生姜嫩芽、
酸橘

割鲜

针鱼鸣门卷
生鱼丝
　珊瑚菜、松
叶状独活、大
叶紫苏、山葵、
梅肉酱油

醋物

针鱼裙带菜冻
　蕨菜、蛋黄醋

醋物

醋拌针鱼片
　裙带菜、独活、刺山柑风味吉野醋、问荆

煮物

油菜花煮针鱼结
　鸡蛋豆腐、香橙丝

针鱼

肉质晶莹剔透、口感上品，这就是针鱼的独特风味

早春的浅海中，有时能看见小群针鱼跃过水面的景象。针鱼有着小小的鱼鳍，但下颚却如同刀尖般细长伸展出去，最尖端微微泛红。那个兜嘴大概是为了方便捕食浮游生物而进化成这样的吧。

针鱼在日语中可写作"鱵"。正如"美丽的蔷薇都带刺"所说，"鱵"字中的"箴"就含有"缝衣针"的意思。那个针一样的下颚给人带来的威慑感，也许就是在提醒我们"调味可不能马虎大意哦"。处理针鱼时，一定先将腥臭味很重的黑色部分洗掉。正如没有谁是天生的坏人一样，分割成 3 片的针鱼肉质晶莹剔透、口感上品。"箴"这个字原来包含了这么深的含义啊！我一边仔细琢磨着一边看着寿司店师傅麻利的手法，然后点了针鱼。"保留鱼皮吗？还是去皮？"师傅亲切地询问了我的意见，我当然是保留鱼皮啦。

餐厅有很多针鱼的料理方法，生鱼片、生鱼条、鸣门鱼肉卷、紫藤花造型生鱼片、昆布风味生鱼片等。稍稍撒盐的针鱼可以打成结炖汤，或者放在户外风干一夜。做成下酒菜的话有蛋黄寿司、山药寿司、米饭中加入花椒嫩芽的小袖寿司、海胆烧。其他还有将稍稍撒盐风干的针鱼卷在细竹上卷成八幡卷后再做成蛋黄烧，针鱼拌上咸鱼子粉和芝士粉……针鱼虽属飞鱼亚目，却是一种远比飞鱼用途广泛的高级鱼类。

（译者注：八幡卷，将煮熟的牛蒡卷上康吉鳗、鳝鱼等的肉，然后蘸酱油烤或炖煮。因京都的八幡市是牛蒡的产地，故名。）

针鱼

烧烤

海胆干与鳕鱼子干烤针鱼
　生姜嫩芽、酸橘

❶辣味鳕鱼子去除薄膜后，用酒溶解，并添加少量蛋黄使其黏稠。
❷颗粒状海胆用酒溶解。
❸针鱼由背部切开，鱼身中间切一刀分为头尾两段。靠头的一段涂上❶，靠尾的一段涂上❷。稍微放置一段时间后，穿上铁扦，风干半日。
❹将步骤❸的鱼串和针鱼的中骨分别烤制，一起装盘。添加生姜嫩芽和半个酸橘做装饰。

割鲜

针鱼鸣门卷
生鱼丝
　珊瑚菜、松叶状独活、大叶紫苏、山葵、梅肉酱油

❶银鱼分割成 3 片，撒一点点盐。裹上脱水薄膜静置两小时，脱去水分。鱼身去皮，片成两片。
❷步骤❶的鱼片上放上烤干海苔后卷成鸣门卷。
❸步骤❶的鱼片切生鱼丝。
❹盘中铺上大叶紫苏后放入❷❸，并添加珊瑚菜、松叶状独活和山葵。
❺另取小碟，盛入梅肉酱油。

（译者注：鸣门卷，红白鱼肉卷，一种鱼糕，以白色鱼肉卷上染成红色的鱼肉蒸成。横切面可见红色涡形花纹。）

醋物

针鱼裙带菜冻
　蕨菜、蛋黄醋

❶针鱼分割成 3 片，用昆布包裹，使昆布鲜味渗透进鱼肉。
❷生裙带菜用昆布水煮熟后，倒入搅拌器中打碎。
❸步骤❷的汤汁中加入明胶煮化。
❹鱼冻盒中放入去皮的步骤❶的针鱼，鱼身的鱼皮一侧朝上放置。将步骤❷的裙带菜放入步骤❸的汤汁中稍稍加热后铺在鱼身上。然后继续往上摆放鱼身、裙带菜，一共铺 3 层。静置使其冷却凝固。
❺将❹切块装盘，浇上绵柔的蛋黄醋（吉野醋也可以）。
❻蕨菜撒上草木灰后注入开水，静置使其冷却，去除涩味。将此蕨菜装盘。

醋物

醋拌针鱼片
　裙带菜、独活、刺山柑风味吉野醋、问荆
❶针鱼分割成 3 片，撒盐静置 3 小时。将鱼肉泡入醋中，至表面泛白捞出，用昆布包裹，使昆布鲜味渗透进鱼肉。
❷取出裙带菜的硬筋，枝叶切成竹叶状，焯水使颜色更鲜艳。
❸将❶去皮切成竹叶状和❷一起用吉野醋搅拌，并添加刺山柑。撒上独活丝装盘。
❹问荆用和蕨菜一样的方式去除涩味，然后用高汤炖煮。将此问荆装盘。

煮物

油菜花煮针鱼结
　鸡蛋豆腐、香橙丝

❶选取较大的针鱼分割成 3 片，撒盐静置 3 小时。将鱼肉抹上葛粉，放入沸腾的开水。待表面的葛粉煮透，改文火慢炖。
❷制作鸡蛋豆腐，切成方块。
❸油菜子焯水后，浸入鱼汤。
❹将步骤❷的鸡蛋豆腐盛入木碗中，在豆腐上放步骤❶的针鱼和步骤❸的油菜花。
❺浇入鱼汤，并添加香橙丝提鲜。

鲳鱼

烧烤

薤白烤鲳鱼
　洋芹、蘘荷、酱油糟

寿司

款冬鲳鱼寿司
　鸡蛋丝、款冬、醋泡生姜、
花椒嫩芽

煮物

盐煮黑鲴鱼
　　葛根粉丝、独活丝、花椒嫩芽、鸭儿芹

割鲜

鲴鱼焦皮生鱼片
　　独活、珊瑚菜结、梅肉酱油

烧烤

芡实味噌酱烤黑鲴鱼
　　醋泡独活

鲪鱼

春季味道最美，3~4 月的鲪鱼更是特别美味

正如黄莺被称为"报春鸟"一样，鱼类也有"报春鱼"。北方地区是鲱鱼，西边濑户、伊势海域的报春鱼则是鲪鱼。

因为瞪着一双滴溜溜的大眼睛，所以在日语中鲪鱼可写作"目張""目張り""目撥"（译者注：以上 3 个单词都含有"瞪大眼睛"的意思），一般多写作"目張"。鲪鱼也俗称"黑鲪鱼"，这是因为大阪地区会将叫作"石狗公"的一种菖鲉叫作"红鲪鱼"，为了以示区别，所以将鲪鱼叫作"黑鲪鱼"。这两种鱼都属于鲉科，但鲪鱼更高级一点。并且鲪鱼的表皮颜色会随着在水中栖息的深度而有所不同，花纹的、红褐色的……甚至还有泛金色的。鲪鱼因为与竹笋的旬相同，所以也被叫作"竹笋鲪鱼"。当然，也有就叫"竹笋鲪鱼"的鲪鱼，这种鲪鱼的表皮花纹与竹子皮很像，是一种很难捕获的美味，并且旬也与竹笋一致。

鲪鱼从出生开始需要 3 年时间才能长成大鱼。鲪鱼是胎生鱼，每年 11 月左右，雌鱼和雄鱼都会直立起来贴合腹部进行交尾，受精卵在雌鱼体内孵化，来年 1~2 月在海上产出体外。此后，幼鱼会藏在浮游藻类中随波漂流一年，先在幽深海湾的藻类繁生地度过春夏，然后往多岩石地带移动。鲪鱼的旬是春天，而在大阪和兵库地区，3~4 月捕食玉筋鱼幼鱼的鲪鱼特别美味。听钓友们说，鲪鱼特别胆小，海上稍有动静就躲进海藻中，所以钓友们都说"鲪鱼要在风平浪静的日子里去钓"。生鱼片、盐烤、照烧、炖煮，无所不可，鲪鱼是万能的。

（译者注：旬，鱼类、蔬菜、水果等食物味道最好的时期。）

鲪鱼（红·黑）

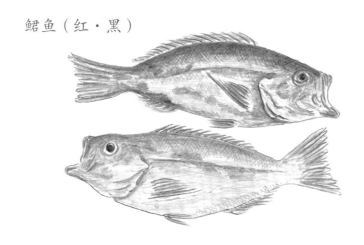

烧烤

薤白烤鲲鱼
　洋芹、蘘荷、酱油糟

❶黄油加热至散发出榛子香，加入蛋黄、打发起泡的蛋白搅拌均匀，用淡口酱油调味。
❷薤白切碎，加入❶混合均匀。
❸鲲鱼分割成 3 片后抹盐。切成适当大小，用铁扦穿成串烤制。鱼肉表面烤熟时，刷上❷继续烘烤。
❹将❸装盘，配上切成适当大小的甜醋泡洋芹、醋泡生姜和酱油糟。

寿司

款冬鲲鱼寿司
　鸡蛋丝、款冬、醋泡生姜、花椒嫩芽

❶鲲鱼分割成 3 片，用甜料酒和酱油调味烤制，然后切成 2 厘米左右的大小。
❷将❶刷上烧烤酱，平铺在铝箔上放入烤箱烤制。
❸款冬焯水后剥皮，用八方汁浸泡后切成小圆粒。
❹寿司饭上放上❷❸，并掺入花椒粒装盘，然后铺满足够的鸡蛋丝。
❺继续在❹的基础上放❷❸，并用切成薄片的甜醋泡生姜、花椒嫩芽做装饰。

煮物

盐煮黑鲲鱼
　葛根粉丝、独活丝、花椒嫩芽、鸭儿芹

❶黑鲲鱼分割成 3 片，拔除小刺后抹盐。
❷头和中骨大量抹盐，静置 4~5 小时。稍稍泡水后，焯水去腥。
❸步骤❶的鱼身也切成适当大小，焯水去腥。
❹步骤❷的头和中骨用昆布水和酒炖煮，提取高汤。然后用提取的高汤煮步骤❸的鱼身。
❺葛根粉丝煮熟，用鸭儿芹扎成捆，与步骤❹的鱼身一起盛入木碗中。步骤❹的高汤用盐调味后浇入木碗中。用独活丝、花椒嫩芽做装饰。

割鲜

鲲鱼焦皮生鱼片
　独活、珊瑚菜结、梅肉酱油

❶鲲鱼撒上一点点盐，用脱水薄膜裹上。鱼皮朝下，用刀切入鱼身的一半但不切断。
❷用细铁扦穿串大火烤制，烤至表面金黄时立刻用湿布盖上吸收余热。
❸独活切成 6 厘米的长度，削成圆柱状。然后，修整成直径 5 毫米的剑山。
❹珊瑚菜的茎焯水，叶子用湿纸卷起。淡盐水中加醋，泡入珊瑚菜茎。比较粗的茎用针划开。将珊瑚菜茎打结。
❺选取 5~6 根❸竖直放置，四周放上鲲鱼，用❹做装饰。梅肉酱油过滤梅肉后，搭配生鱼片食用。

●焦皮生鱼片　鱼皮烤至焦黄的生鱼片。也叫"霜白烧烤"，原意是指"烤过的部分变白，看上去像霜一般"，但这里并未变白，而是烤至焦黄后立刻冷却，所以叫"焦皮生鱼片"。

烧烤

芡实味噌酱烤黑鲲鱼
　醋泡独活

❶泉州芡实的叶子切成大片，泡水洗去灰尘。取此水的上层澄清部分煮芡实叶，煮沸后静置冷却。芡实叶仔细清洗干净后切碎，用芝麻油和色拉油煸炒，然后添加红味噌、酒、砂糖熬煮。
❷黑鲲鱼分割成 3 片，拔除小刺后抹淡盐。
❸将❷切成适宜的大小，用铁扦穿成串烤制。涂上步骤❶的芡实叶味噌酱，烘烤。
❹选取较圆润的三岛独活切成 15 厘米长后去皮，稍稍焯水。淡盐水中加醋，泡入独活。然后再用甜醋浸泡独活。入味后，切条打结，然后装饰在❸旁边。

菱蟹（梭子蟹）

割鲜

冷鲜菱蟹蹼
　蟹黄山药丝、
焯水菠菜、生姜
柠檬醋

醋物

清蒸蟹肉蛋皮卷
裙带菜独活卷

温寿司

菱蟹温寿司
　百合根、木
耳、蛋皮丝、蟹
黄、问荆、鸭儿
芹、红生姜

煮物

全蟹煲
　葛粉煮米粉、
豌豆角、生姜

菱蟹（梭子蟹）

岸和田的花车祭中不可或缺的美味

　　菱蟹因甲壳是菱形的而得名，也因为菱蟹在太阳下山时成群游过海面寻找食物，所以又叫作"梭子蟹"，事实上学名应该是"蝤蛑"。梭子蟹在表日本的内海到处可见，甲壳宽约 15~20 厘米，大的甚至有 25 厘米。梭子蟹的蟹爪几乎没肉，主要吃身体，吃起来比较麻烦，每年吃掉日本第一多梭子蟹的大概是岸和田的人们吧。不管怎么说，梭子蟹可是体现人们勇敢健壮体格的花车祭的特供美食呢。不仅仅是大阪，全日本知名产地的梭子蟹在这个时期都源源不断地向岸和田集结。

　　料理时，直接将整只梭子蟹用盐水煮就行。餐厅会将身体上的蟹肉挑出来装盘；在家做的话，即使是招待客人也不用筷子，直接上手折断蟹爪，用牙咬开外壳，然后用嘴嘬去蟹肉，就差自夸说"这是最好吃的吃法"了。热爱花车祭的岸和田人虽然性格粗放，但脾气很好，大概因为这样的吃蟹方法很容易让人变得亲近起来吧。

　　但在餐厅这样可不行，毕竟"如果这样的吃法，在家就能吃啊"。我自己一般会将菱蟹的甲壳掀掉，去除蟹鳃上锅蒸，但喜欢水煮的人特别重视水进入蟹体内这个过程。但是这样蟹会挣扎不休，蟹爪会掉啊！水煮的时间，大约是水沸腾后再煮 15~16 分钟的样子。

（译者注：表日本，日本本州濒临太平洋的地区。与"里日本"相对。）

梭子蟹（蝤蛑）

割鲜

冷鲜菱蟹蹼
　　蟹黄山药丝、焯水菠菜、生姜柠檬醋

❶掀开活蟹的甲壳，将蟹肠和蟹黄分开取出。蟹黄放入水中，洗去浮出水面的脏污后，将水倒掉。
❷步骤❶的蟹肠蒸熟后，用滤网碾碎。胖大海泡发后的果肉也一同碾碎。二者混合后，加入明胶、琼脂使其凝固。
❸将胖大海凝胶冻、山药丝盛入小碟中，并添加步骤❶的蟹黄。菠菜焯水，然后用竹帘卷成卷，之后用刀切开。
❹抽出菱蟹的蟹蹼及其根部蟹肉，用水洗去脏污后擦干水分。
❺在铺上碎冰的容器中放入❷❸❹，另取小碟盛入甜口的生姜柠檬醋。

醋物

清蒸蟹肉蛋皮卷
　　裙带菜独活卷

❶菱蟹去除甲壳后，挑出蟹肠和蟹黄。蟹黄铺平上锅蒸熟，然后切成条。蟹身蒸熟后，挑出蟹肉。蟹肠蒸熟后，用滤网碾碎。
❷干裙带菜煮开后，挑选较大片的仔细展开，多铺上几层。
❸将菠菜的茎和叶分别焯水。
❹制作蛋皮。
❺将独活如卷轴般环切成一长片，泡入盐醋水中。
❻将蛋皮铺在卷寿司的竹帘上，然后铺上菠菜叶，放上蟹肉。以条状蟹黄和菠菜茎为轴卷成寿司卷。然后，在蛋皮外侧再用菠菜裹一层后，用刀切开，装盘。
❼步骤❷的裙带菜和步骤❺的独活也卷成寿司卷，然后切开装盘，并搭配珊瑚菜。
❽将蟹肠溶在土佐醋中，并添加生姜汁，用以佐菜。

温寿司

菱蟹温寿司
　　百合根、木耳、蛋皮丝、蟹黄、问荆、鸭儿芹、红生姜

❶菱蟹蒸熟后挑出蟹肉。蟹壳和昆布一起煮汤，蒸蟹残留的汤汁也一并倒入。用这个汤汁煮寿司饭，并稍稍调味。
❷制作蛋皮丝。水煮百合根、木耳、鸭儿芹。
❸蟹肠与蛋清充分混合，蒸熟后切碎。
❹蟹黄和蛋黄充分混合，蒸熟后切细条。
❺步骤❶的寿司饭中加入❸和少量蟹肉、百合根、木耳后塞入甲壳上锅蒸。然后铺上碎海苔、蛋皮丝、步骤❹的蟹黄蛋皮丝后加热。最后撒上切成半寸长的鸭儿芹。用已经去涩的问荆和红生姜丝做装饰。

煮物

全蟹煲
　　葛粉煮米粉、豌豆角、生姜

❶菱蟹上锅蒸熟，挑出蟹肉。蟹壳和昆布一起煮汤。
❷竹笋、香菇、百合根分别事先调味。
❸生蟹黄用滤网碾碎，加入鸡蛋，混合步骤❶的汤汁做成鸡蛋豆腐蛋液。
❹生蟹肠也用滤网碾碎，和❸一样做成鸡蛋豆腐蛋液。
❺步骤❷分两半，和❶的汤汁一起分别加入❸和❹中充分混合。将这两种蛋液做成双层鸡蛋豆腐。
❻米粉煮熟。步骤❶的汤汁中加入酒、盐、淡口酱油、甜料酒调味，收锅时加入葛粉增加黏稠度。
❼将❺与豌豆角一起装盘，并洒上生姜汁。
❽步骤❶的蟹肉与鸭儿芹一起炖煮后装盘。

蛤仔

沙拉

酒煎蛤仔
　　竹笋片和独活片、油菜
花、花椒嫩芽、咸鲑鱼子、
蛤仔酸橘调味汁

羹

豆皮蛤仔山药泥卷
　　裙带菜捆、桃花状胡萝
卜、金漆、白味噌汤

烧烤

花椒嫩芽烤蛤仔
　松子

寿司

八尾牛蒡蛤仔寿司饭
　鸡蛋丝、生姜、花椒
嫩芽

蛤仔

比起蛤蜊是更加贴近普通人生活的食物，但味道可是不相上下

日本江户后期的通俗小说作家式亭三马的《浮世澡堂》中是这样叫卖蛤仔肉和蛤蜊肉的，"蛤~仔肉啊，蛤蜊肉"；而在大阪则是这样叫卖的，"蛤仔啊，蚬子哟"。

突然想起很久以前带着孩子去赶海的事了。对面海上一边广播着"还有一会儿就退潮啦……"的通知，一边从船上往海里撒东西，撒的就是过会儿我们捡到的蛤仔。感觉有点不开心，但是也没跟孩子讲，就这么沉默着一起赶海。

蛤仔居住在水下10米深的浅沙层底部，以肉眼不可见的水中浮游生物为食，所以蛤仔在日语中写作"浅蜊"，也有写作"蛤仔"的。蛤仔体形虽小，但味道却不输蛤蜊。两者都属于帘蛤科，但蛤仔更加贴近普通人的生活。最近煎炒蛤仔、奶油焗蛤仔，特别是蛤仔意大利面等西餐备受欢迎，但是酒蒸蛤仔、盐煮蛤仔、蛤仔味噌汤、冬葱拌蛤仔这些传统做法也不能忘啊！和青葱一起加酒、浓口酱油和甜料酒快煮，以及甜煮油炸蛤仔天妇罗也很美味哟。这里写到的料理请一定要试一试。

蛤蜊一般来说是无毒的，但是夏季产卵期不建议食用。屡次发生的蛤仔中毒事件也多是蛤仔进入产卵期的初夏时发生的。到了秋季举办各种祭典活动时，估计是因为排完了卵，蛤仔的肉质变得饱满，味道也愈加上品。秋、冬、春三季皆可品尝蛤仔的美味，蛤仔的赏味时节可以说是非常长呢。

蛤仔

沙拉

酒煎蛤仔
　　竹笋片和独活片、油菜花、花椒嫩芽、咸鲑鱼子、蛤仔酸橘调味汁

❶生蛤仔去壳，用作料酒煮熟去腥。
❷竹笋切成 4 瓣后切片，稍稍调味。
❸油菜花煮熟，泡入作料汁。
❹生独活切成方片，去涩。
❺盘子加热后盛入❶。❷❸❹稍稍加热后也一起装盘。酸橘调味汁中加入步骤❶的汤汁混合均匀后，浇在食材上。撒上切碎的花椒嫩芽，以及完整的花椒嫩芽。用咸鲑鱼子做装饰。

羹

豆皮蛤仔山药泥卷
　　裙带菜捆、桃花状胡萝卜、金漆、白味噌汤

❶蛤仔用作料酒煮熟去腥。从开口的蛤仔中挑出蛤仔肉。煮剩的汤汁取出一些放置在一边。
❷步骤❶的蛤仔肉中的三分之一磨成肉泥，然后添加鳕鱼泥、薯蓣泥、小麦粉搅拌均匀。
❸保鲜膜上铺上豆皮，然后放上❷卷成棒状。用竹帘卷好后，上锅用小火蒸熟。
❹胡萝卜切成桃花状焯水后，用八方汁煮熟。
❺裙带菜焯水后，切开并整齐摆放。将焯水的鸭儿芹捆成一束。
❻金漆嫩芽焯水后，浸入蛤仔汤汁中。
❼步骤❶事先放置一边的汤汁中加二番汁，并溶入白味噌，制作成味噌汤。
❽将❸切成段，并注意保温，与❹❺❻一起盛入木碗中，并注入❼。适当添加水溶芥末。

烧烤

花椒嫩芽烤蛤仔
　　松子

❶制作花椒嫩芽味噌。
❷卤豆腐挤去多余水分，注意不要挤碎，然后切成 2 厘米的小块。豆腐用色拉油煸炒，加一点点盐稍稍调味。
❸竹笋如同❷一般切小块，稍稍调味。
❹蛤仔下锅煸炒，加酒后盖上锅盖。壳开口后取出蛤仔肉。
❺步骤❹炒剩的汤汁中加入❶调和，然后加入❷❸❹混合后倒入烤盘中。四周用蛤仔壳围起来，中间放上松子，然后放入烤箱。

寿司

八尾牛蒡蛤仔寿司饭
　　鸡蛋丝、生姜、花椒嫩芽

❶制作寿司饭。
❷制作鸡蛋丝。
❸嫩牛蒡（八尾产）根茎分离焯水。根切碎，加浓口酱油、二番汁、砂糖调味，用油煸炒后水煮。
❹步骤❸的嫩牛蒡茎斜切成段，放入八方汁中腌制。
❺步骤❹的牛蒡八方汁中，加入酒、浓口酱油、砂糖、少量生姜丝调味，然后放入蛤仔肉做成时雨煮。
❻步骤❶的寿司饭中加入少量❸❺的汤汁，混合均匀后盛入容器，然后撒上碎海苔。❷❹❺各铺上三分之一，用醋渍嫩姜、花椒嫩芽做装饰。

●嫩牛蒡　大阪八尾特产的牛蒡，不仅是根，茎叶也能食用。根部短小，茎部口感松脆。

4月
樱花鲷

割鲜

樱花鲷生鱼片
　螺旋状独活丝、焯水油菜花、樱花、樱花叶、山葵、调味酱油

烧烤

花椒嫩芽田乐酱烤樱花鲷及鱼白
　醋渍嫩姜

蒸物

樱蒸樱花鯛
　　独活捆、油菜花、山葵

冷菜

樱花鯛鱼子冻
　　慢煮泉州芡实茎、樱花面筋、花椒嫩芽

拼盘

樱花鯛鱼白豆腐
　　碓井豌豆丸子、八方汁煮竹笋、花椒嫩芽

櫻花鯛

賞樱时节的樱花鯛。雄鱼的味道可能要比雌鱼更佳

赏樱季的真鯛被称为"赏樱鯛""樱花鯛"。到了产卵期，雌鱼的卵巢饱含卵子，雄鱼的精巢饱含精子，腹部饱胀得都快要裂开一般。拥有点缀着金银的樱色外表，以及显得极为妖艳的丰满身姿的"孕鯛"，为了爱的繁殖而大批游入濑户内海浅水处，所以也被称为"游入鯛"。又因为大群鯛鱼如同小山一般浮出水面的壮观场景，所以也被称为"金山鯛"。

鯛鱼的同类还有很多，但是对于大阪人来说"果然还是真鯛才是真正的鯛鱼"，每年赏樱季都翘首以盼樱花鯛的上市。当然，也正是因为赏樱季正好是樱花鯛丰收的季节，因此普通民众才能都吃得起海鱼之王。也有养殖的樱花鯛，不过市场价只有野生樱花鯛的一半。对大阪人来说，只有天然的真鯛才是真正的鯛鱼。

下面是我作为专业料理人的观点，不知大家是否赞同。腹中充满鱼子的雌鱼，虽然姿态优美，但也正因为充满鱼子，身体反而会有过度劳累的倾向，毕竟是鱼宝宝们的育苗床啊！

产完卵回到大海的雌鱼被称为"落鯛"，也因为身体颜色变成了麦田般的金黄色而被称为"麦秸鯛"，此时也是一年一度的味道的差评期。但是当中也有一直定居在濑户内海的鯛鱼，"这是真正的明石鯛啊""潮涨潮落的旋涡中磨炼出来的鸣户鯛才是上等""西宫神社的惠比须神像前捕获的鯛鱼才是最好的，这就叫神前鯛"……一提到鯛鱼就特别吹毛求疵的就是关西人啊！

樱花鯛（真鯛）

割鲜

樱花鲷生鱼片
  螺旋状独活丝、焯水油菜花、樱花、樱花叶、山葵、调味酱油

❶断筋活杀的真鲷分割成 3 片,然后切斩成形,为做生鱼片做准备。去皮。
❷步骤❶的靠近尾巴的部分以及鱼腹的较薄部分用研钵研碎,与其他肉质呈白色的鱼类的鱼泥混合,加入昆布水稀释,用红色食用色素染成樱色。
❸步骤❶鱼肉撒上一点点盐,然后用脱水薄膜包裹,静置两小时。取下脱水薄膜,薄薄撒上一层淀粉,然后涂上❷。下面铺上盐渍樱花叶,上面盖上充分渗透酸橘汁的纸巾,静置 3~4 小时。
❹将❸放平,用刀垂直切下生鱼片,盛入容器中。油菜花切成适当大小,用盐水焯一遍。然后将此油菜花、樱花叶和樱花瓣、螺旋状独活丝一起装盘,并添加山葵泥。配上调味酱油(淡口酱油 3、煮切酒 1)食用。

烧烤

花椒嫩芽田乐酱烤樱花鲷及鱼白
  醋渍嫩姜

❶制作花椒嫩芽味噌。锅中放入白味噌、酒、甜料酒、砂糖、蛋黄,小火慢煮。冷却后,加入用研钵研碎的花椒嫩芽和菠菜。
❷真鲷用淡盐腌制 30 分钟,然后切成 3 厘米 ×4 厘米的大小。
❸鲷鱼的鱼白按照❷的大小切成合适的尺寸,用淡盐腌制 30 分钟。
❹将❷❸按照鱼肉、鱼白、鱼肉、鱼白的顺序穿成串烧烤,然后涂上❶,用火烘烤。
❺容器中盛入❹,旁边添加醋渍嫩姜。

蒸物

樱蒸樱花鲷
  独活捆、油菜花、山葵

❶昆布水稍稍加热,用食用色素染成樱色。稍稍加盐调味,然后加满熟糯米粉放置在一边。
❷鲷鱼的鱼杂加盐蒸熟后挑出鱼肉,撒上葛粉放置在一边。

❸鲷鱼的鱼身用盐腌制,切成薄片。
❹将❶和成有韧性的面团,然后在湿布上摊平,放上❸以及少量的❷,调整形状,使其能被面皮包住。
❺湿布上铺上盐渍樱花叶,然后整齐摆上❹,上锅蒸熟。
❻容器中盛入❺,以及用鸭儿芹扎成捆的独活、焯水油菜花,然后浇上勾芡的芡汁。添加山葵泥。

冷菜

樱花鲷鱼子冻
  慢煮泉州芡实茎、樱花面筋、花椒嫩芽

❶鲷鱼的鱼杂和头部用较多的二番汁、酒、淡口酱油、砂糖煮熟,然后挑出鱼肉。
❷切开鲷鱼鱼子的膜,蒸盒中先铺一层保鲜膜,然后将鱼子有膜一侧朝下整齐摆放。倒入步骤❶的汤汁蒸煮。冷却后拎出保鲜膜,注意不要弄碎鱼子。
❸步骤❷的汤汁中加入明胶和二番汁,调和味道。然后加入步骤❶的鱼肉和切丝的嫩姜。将上述食材一起倒入蒸盒中,然后放上步骤❷的鱼子。将缝隙仔细填满,等待其冷却凝固。
❹将樱花面筋用二番汁、淡口酱油、砂糖甜煮。
❺将❸切开,盛入容器。搭配慢煮芡实茎、步骤❹的樱花面筋和花椒嫩芽。

拼盘

樱花鲷鱼白豆腐
  碓井豌豆丸子、八方汁煮竹笋、花椒嫩芽

❶将鲷鱼鱼子的膜切开,有膜那面朝上,卷住生姜丝,然后整齐地放在竹篓中焯水去污物。加二番汁、酒、淡口酱油、砂糖煮熟。
❷步骤❶的汤汁过滤,作为之后的芡汁使用,先取一些放置一边。在剩下的汤汁中加入鱼白煮熟,然后过滤。加入蛋清、牛奶,制作成鱼白豆腐的底料。
❸在蒸盒中整齐摆放好❶,然后倒入❷,上锅蒸成豆腐状切开。
❹事先预留的汤汁中加入出汁,然后用葛粉勾芡。
❺碓井豌豆浸入八方汁中。取其中三分之一用滤网碾碎,然后混入剩下的三分之二的豌豆粒,做成丸子。
❻竹笋用八方汁炖煮。
❼容器中盛入❸,倒入❹,放上切碎的花椒嫩芽。然后配上❺❻。

连呼鲷

油炸物

油炸连呼鲷八尾卷
　虾肉汁、打结的嫩牛
蒡茎、生姜丝

烧烤

洋材祝鲷
　独活、花椒花

烧烤

鱼肚酱烤连呼鲷
　醋渍独活、生姜嫩芽、金平笋皮

煮物碗

卤豆腐蒸连呼鲷
　切条独活、打结鸭儿芹、花椒嫩芽、咸鲷
鱼汤

烧烤

烤时蔬鸡蛋连呼鲷鱼卷
　花椒花、生姜嫩芽

连呼鲷

水分过多的连呼鲷，通过脱水可使肉质变紧致

黄鲷，也叫作"连呼鲷"，颜色是优雅的黄中带红，眼睛特别大，嘴巴呈日语假名"へ"形，仿佛在宣示着"老子可是鲷鱼哟！"名叫"某鲷"的鱼仅仅在日本近海就有大约 13 种，但这种连呼鲷与血鲷、黑鲷一样，确实是名副其实同属鲷科的。

要说与真鲷相像的话，要数血鲷最像，但不知道为什么，大阪人就是更偏爱连呼鲷。连呼鲷也可简称为"连呼"，旬在春季，寿命不长，只有 8~9 年。雌鲷的一生都很忙碌。幼年时期雌鱼更多，到了中老年时期，部分雌鱼变性成了雄鱼，真是一种奇怪的鱼啊。与真鲷相比，连呼鲷味道稍显逊色，但是作为配菜的话可是很丰盛了。如今天然真鲷越发稀少，发散思维、开动脑筋，将连呼鲷用于餐厅料理会怎么样呢？无须担心。事实上，连呼鲷的烤鱼串已经广泛运用于各种宴席料理。

这种连呼鲷生活在远海，因此过去想要入手活鱼非常困难。幸好现在的运输非常快捷，因此生食也变得可行了。水分过多、肉质柔软是处理上的一个难点，但是现在有便利的脱水薄膜，撒上淡盐、覆上和纸就大功告成了。对了，刚刚提到，烤鱼串已经用连呼鲷替代真鲷了。如果按照现在餐饮的发展，随餐都会配上洋酒……老朽不才，运用蛋黄酱和芝士粉研发出了前图所示的"洋材祝鲷"。保留鱼头，这样宴席料理也能适用。和魂洋材，铸就新式和风。

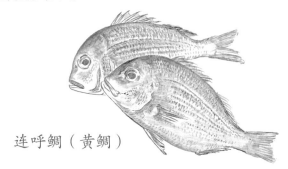

连呼鲷（黄鲷）

油炸物

油炸连呼鲷八尾卷
　虾肉汁、打结的嫩牛蒡茎、生姜丝

❶嫩牛蒡叶和茎分别煮软，用团扇扇风降温，防止变色。
❷步骤❶的茎一分为二成两根，然后打结。剩下的切成小段。
❸步骤❶的叶细细切碎，和步骤❷切成小段的茎一

起下锅。锅中倒入打散的蛋黄，小火慢烧。
❹连呼鲷分割成 3 片，带皮的一侧切开刀口，撒盐。内侧抹上淀粉，卷上❸，穿成串固定好。整体抹上淀粉，用 170℃的色拉油油炸。
❺制作虾肉汁。对虾去头尾、剥壳后，切成小块。虾肉和一番汁一起下锅，用淡口酱油、盐、甜料酒调味，用溶了葛粉的水勾芡。
❻容器中盛入❹，放上步骤❷的打结的嫩牛蒡茎以及生姜丝。浇上❺。

烧烤

洋材祝鲷
　　独活、花椒花

❶连呼鲷去鳞，取出鱼鳃和内脏，清洗干净。擦干水分，撒盐静置一晚。由鱼鳍根部向背骨切开鱼皮，使鱼肉很容易从鱼身上剥落。
❷将❶用铁扦穿好，鱼鳍撒上盐。用刷子刷上融化的黄油后烧烤。单面涂上黄色蛋黄酱，撒上芝士（粉末）后继续烘烤。
❸花椒花焯水后放入冷水冷却，然后浸入加了昆布的甜醋。
❹独活如卷轴般环切成一长片，用淡盐水浸泡后，浸入加了昆布的甜醋。
❺步骤❷的烤鱼撒上海苔（粉末）后盛入容器。将❹切成 2 厘米宽，然后卷成圆环，圆环中心放入❸。

● 黄色蛋黄酱　加入蛋黄的蛋黄酱。

烧烤

鱼肚酱烤连呼鲷
　　醋渍独活、生姜嫩芽、金平笋皮

❶制作连呼鲷的鱼肚酱。首先取出鱼的内脏，去除胃中残留物，粗略清洗一下，重重撒盐腌制。腌制 3 天左右后，用水轻轻漂洗去过量盐分，只留表面一点点盐分。加酒、少量昆布，放入冰箱静置。时不时搅拌一下，腌制一个月以上。
❷选取较大的连呼鲷分割成 3 片，撒上淡盐，静置一晚风干。
❸将❶用酒煮化，用滤网碾碎。冷却后加入蛋黄增加黏稠度。
❹步骤❷的鱼皮表面切开刀口，穿上铁扦烧烤。刷上❸继续烘烤。
❺容器中盛入❹，配上独活、生姜嫩芽，以及用竹笋内部的嫩皮加淡口酱油、二番汁、少量甜料酒炒制而成的金平笋皮。

煮物碗

卤豆腐蒸连呼鲷
　　切条独活、打结鸭儿芹、花椒嫩芽、咸鲷鱼汤

❶连呼鲷的鱼杂仔细清洗后重重撒盐，腌制 5~6 小时。洗去多余盐分，仅保留表面的一点残余。用昆布水炖汤。
❷分割成 3 片的连呼鲷抹盐后静置。
❸卤豆腐挤干多余水分后，用滤网碾碎，加入蛋清和葛粉充分混合。加裙带菜，用少量盐、酒调味。
❹步骤❷的鱼皮上划出格子状的刀口，卷上❸，然后用湿纸巾包好，上锅蒸熟。
❺将❹盛入木碗中，然后添加切成小条的独活、打结的鸭儿芹，注入温热的❶。放上花椒嫩芽。

烧烤

烤时蔬鸡蛋连呼鲷鱼卷
　　花椒花、生姜嫩芽

❶选取较大的连呼鲷分割成 3 片，剔除鱼骨，鱼皮中央划出深深的十字形刀口，用幽庵酱汁腌制。
❷连呼鲷的鱼杂蒸熟后挑出鱼肉。竹笋、胡萝卜、香菇、木耳切丝后煮熟。
❸步骤❷的食材下锅煸炒，加入少量二番汁、酒、淡口酱油、砂糖调味。倒入打散的鸡蛋液，边搅拌边用小火慢煮至半熟。冷却后备用。
❹将步骤❶的鱼肉从酱汁中捞出，擦去多余水分，包裹上❸用烤箱烤制。用刷子刷上黄色蛋黄酱，继续烘烤。
❺以能看见截断面的角度切开❹，盛入容器中。配上醋渍花椒花、生姜嫩芽。

鮸鱼（箕作黄姑鱼）

割鲜

米曲泡鮸鱼生鱼片
　　蕨菜泥、春兰、山
　　葵、碎芝麻酱油

烧烤

洋材油菜花烤鮸鱼
　　薤白

油炸物

油炸时蔬鸡蛋鲍鱼卷
　炒虾肉、樱花面
筋、豌豆、花椒嫩芽

烧烤

水芹烤鲍鱼
　味噌渍荚果蕨

鮸鱼（箕作黄姑鱼）

常替代鲷鱼用作料理食材，因而也叫"鮸鲷"，此外也有"牢骚鱼"这样的别名

　　就算濑户内海有鱼岛期，有樱花鲷，但想让普通大众人人都吃上真鲷，这在过去还是不太现实的。"今晚豁出去了奢侈一把……"，虽然这么说着但出现在餐桌上的大部分还是鮸鲷。其实严格来说并不存在鮸鲷这种鱼，但是鮸鱼去皮后，鱼肉质感与鲷鱼非常像，所以不仅是家庭料理，餐厅和小饭店等也经常使用鮸鱼替代真鲷。食客们也都心知肚明。

　　过去在大阪戎桥南有一家做鱼贝类火锅的叫作"丸万"的店，貌似经常用鮸鱼替代鲷鱼做火锅，因此鮸鱼也有了"丸万鲷"的别名。当然，鮸鱼属于鲈形目鲈亚目石首鱼科，与真鲷可是一点关系都没有。鮸鱼生活在松岛湾以南的浅海，远离海岸的砂石底部。里日本靠近中国东海的区域特别多，可以说从朝鲜到东印度洋都是其栖息地。鮸鱼体形修长，鳞片呈灰青色，体侧有暗褐色的斜线。如果没有斜线，就是与其非常相像的"黄姑鱼"。此外，还有一种体形差不多，但身体呈银白色的"白姑鱼"。

　　这三种鱼都属于石首鱼科，鱼鳔非常发达，一旦被钓上岸，就会振动肌肉发出"咕～咕～"的声音，听起来就像是在发牢骚。因此石首鱼科的所有鱼类都有"牢骚鱼"的别名，英文翻译成"drum fish"，吵闹程度可见一斑。这种吵闹的鱼鳔与鳗鱼、鲨鱼、鲤鱼的一样，可以熬制明胶，因此日语中也写作"鮸膠·鰾膠"，所含胶原蛋白非常多。

　　可不能因为不喜欢鮸鱼的味道就将它给扔了，只要将水分过多的部位进行脱水处理，味道就变得和鲷鱼非常像。虽说瘦死的骆驼比马大，但我觉得鮸鱼的味道比徒有虚名的二级鲷要略胜一筹。以现在的大厨的技术，肯定能做出非常好吃的鮸鱼。

（译者注：鱼岛期，阴历3~4月，鲷鱼为了产卵而在濑户内海大量聚集的时期，此时在大阪可以买到物美价廉的鲷鱼。）
（译者注：里日本，日本本州濒临日本海的地区。与表日本相对。）

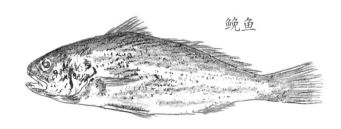

鮸鱼

割鲜

米曲泡鮸鱼生鱼片
　蕨菜泥、春兰、山葵、碎芝麻酱油

❶米曲揉碎，浸泡入 50℃的热水中，并混入相当于其两倍量的寿司饭，静置一夜。
❷鮸鱼分割成 3 片，鱼身上半面撒淡盐，腌制 3 小时。然后放入步骤❶的米曲中浸泡一夜。
❸蕨菜放入较深的容器中，撒上草木灰，注入开水。静置冷却，除去涩味。然后捞出用水洗净，浸泡入高汤中。
❹捞出❷，用脱水薄膜包裹 2~3 小时，脱去多余水分，然后做成薄切生鱼片。
❺蕨菜切成 4 厘米长，轻轻拍烂，将其一半的量拍烂至黏稠，然后与另一半一起装盘。
❻搭配撒了碎芝麻的刺身酱油食用。

烧烤

洋材油菜花烤鮸鱼
　薤白

❶鮸鱼分割成 3 片，去除腹骨、小刺，抹盐。
❷水煮鸡蛋的蛋黄用滤网碾碎，用少量的生蛋黄拌匀。添加盐、胡椒和少量的蛋黄酱。
❸油菜花用盐水焯过后，用力挤干水分，用刀切碎，然后稍稍撒盐。
❹鮸鱼放平，用刀垂直切下，然后撒上胡椒，抹上小麦粉。煎锅中放入黄油加热融化，然后放入鱼块，两面煎黄。将❷❸混合，然后涂在鱼块上，用火烘烤。
❺薤白焯水，然后浸入放了辣椒的西京味噌酱。

油炸物

油炸时蔬鸡蛋鮸鱼卷
　炒虾肉、樱花面筋、豌豆、花椒嫩芽

❶鮸鱼分割成 3 片，拆掉腹骨，拔出小刺，抹盐。
❷豌豆煮熟，放入八方汁中浸泡。煮豌豆的水冷却后，放入昆布浸泡。
❸剥去小对虾的头和壳，虾肉切成段，加盐炒熟并勾芡。头和壳放入❷中，小火慢炖。加入鲣鱼干，制作复合鲜汤。
❹竹笋、胡萝卜、香菇、豌豆角切丝，分别焯水，然后一起用八方汁炖煮。倒入打散的鸡蛋液，冷却后备用。
❺鮸鱼的鱼皮朝下，尾巴朝右。鱼皮向上留出大概 2 厘米的厚度，片下多余鱼肉。鱼肉翻面，修成 8 厘米宽。撒上淀粉，放上适量❹，卷成鱼肉卷。整体撒满淀粉后下锅油炸。
❻步骤❸的复合鲜汤中加入酒、淡口酱油、砂糖调味，然后放入❷❸，加入葛粉勾芡。

烧烤

水芹烤鮸鱼
　味噌渍荚果蕨

❶水芹切成长条，用少量色拉油、盐、胡椒炒至变软。
❷鮸鱼分割成 3 片，去除腹骨、小刺，撒上淡盐。用刀斜切，片下两片鱼肉。
❸步骤❷的鱼肉上，将❶如竹排般整齐摆放，然后涂上用盐、胡椒调味的半熟的炒鸡蛋。放上另一片鱼肉，用铁扦穿起来烤制。然后涂上黄色蛋黄酱，撒上芝士粉继续烘烤。
❹荚果蕨焯水，白味噌混入水溶辣椒粉。用酒化开辣味白味噌，放入荚果蕨浸泡半日，然后用作配菜。

的鲷（马头鲷）

割鲜

的鲷生鱼片
鱼肉冻
　昆布风味油菜花、白丝独活、胡葱、柠檬醋酱油

羹

的鲷鸡蛋羹
　庄内面筋、春蘘荷、生姜泥、搓成卷的鸭儿芹、鱼汤

烧烤

鱼肝酱烤的鲷
　花椒嫩芽、醋渍樱花
独活、酱油糟泡醋渍独
活新芽

蒸物

鱼肝豆腐蒸的鲷
　白丝大葱、韭黄、胡
葱、酸橘调味汁

的鲷（马头鲷）

外形酷似剥皮鱼，鱼肝也很美味，但是鱼肉要更胜一筹

　　的鲷是属于的鲷目的鲷科的的鲷鱼，是与鲷鱼毫无关系的另一种鱼类，名字却像是鲷鱼的同类一般，不过外表可是一点也不像。体侧长着白边黑底的圆形斑点，因此绰号叫"斑点鱼"。将这个斑点看作弓箭的靶心的话，仿佛就是为了让人瞄准这里一般，因而被命名为"的鲷"（译者注："的"在日语中表示"靶子、目标"的意思）。这么一想，确实有道理啊。然而，其真名其实应该是"马头鲷"，因为长得像马头，不知大家是否赞同？

　　下颚突出，嘴唇较厚。没错，就是那样！接近饵料时，嘴巴可以往前探出，这样的动作像马一样。什么，你说马听了要生气？的鲷生活在太平洋周围 60~200 米深的海底，背鳍特别长并且有好几根，但是胸鳍倒是很小，这个样子能游得起来？

　　且慢！只要尝过一口就会被其味道震惊，以貌取"鱼"可不行。春季是产卵期，富含鱼子的的鲷虽然也很美味，但到底还是早春的的鲷更美味。特别是鱼肝非常好吃这一点与剥皮鱼一样，但是鱼肉要更胜一筹。

　　的鲷的外形也与剥皮鱼很像，没有鱼鳞。同种类的还有叫作"镜鲷"的，颜色是带点蓝的银白色，比起的鲷体形要更小，但是体侧也有圆形斑点。眼睛周围，也就是相当于鼻梁骨的地方较低，嘴唇向上突起的形状比较像地包天。镜鲷的味道不如的鲷，因而多用于制作配饭小菜、鱼糕等。

　　还有一种叫作"二座鲷（仁座鲷）"的鱼，鱼鳞和剥皮鱼幼鱼一样如同砂纸一般，靠近尾鳍的地方有 4 个斑点。其中 3 个点比较显眼，因此也被叫作"三字鱼"或者"三秃鱼"。但是二座鲷有种特有的腥味，所以味道上还是的鲷更胜一筹。

的鲷

割鲜

的鲷生鱼片
鱼肉冻
　昆布风味油菜花、白丝独活、胡葱、柠檬醋酱油

❶的鲷用水清洗干净，分割成 3 片。剥去鱼皮，身皮过一遍开水，撒上一点点盐，用脱水薄膜包裹两小时。

❷鱼骨和鱼头等鱼杂稍稍加酒和盐清蒸，然后挑出鱼肉和胶质。汤汁中加入板状明胶熔化，撒入切碎的胡葱，静置等其冷却凝固。

❸油菜花煮熟，然后用昆布裹住，使昆布鲜味渗透其中。

❹独活切丝。

❺步骤❶的鱼肉，较厚的部分切生鱼片，较薄的部分切生鱼条。步骤❷的鱼冻切开，与❸❹一起装盘，搭配柠檬醋酱油使用。

羹

的鲷鸡蛋羹
　庄内面筋、春蘘荷、生姜泥、搓成卷的鸭儿芹、鱼汤

❶的鲷分割成 3 片，拔出小刺，将鱼身较厚部分用刀削成与整体一样的厚度。蒸盒中铺上保鲜膜，然后鱼皮朝下，整齐摆上鱼肉，缝隙用刚刚削下的鱼肉填满压实。

❷鱼杂和昆布加酒、水炖煮，熬成浓汤。将汤倒入❶，然后清蒸。鱼肉入味后，将剩余汤汁倒回之前的昆布鱼杂汤中，加入鸡蛋，做成鸡蛋羹的底料。然后再将此底料倒入蒸盒中清蒸。

❸步骤❷静置冷却后切开，再放入用文火加热保温的木碗中。添加切丝的庄内面筋、春蘘荷，以及用针划开的鸭儿芹。

❹倒入的鲷鱼汤，放上生姜泥。

烧烤

鱼肝酱烤的鲷
　花椒嫩芽、醋渍樱花独活、酱油糟泡醋渍独活新芽

❶制作鱼肝味噌酱。鱼肝用酒煮熟，用滤网碾碎，加入大豆酱油、浓口酱油、酒、甜料酒、砂糖熬成酱。然后再用红色的田乐味噌调和味道。

❷选取较粗的独活削成樱花形状的圆柱，用甜醋浸泡。入味后，再用梅醋浸泡成粉红色，然后切片。

❸的鲷分割成 3 片，去除小刺，撒上淡盐静置 2~3 小时。若的鲷较小，直接取半边鱼身，用刀切出格子形状刀口，然后用铁扦穿住鱼身两端干烤。若的鲷较大，则先切成适当大小，然后划出刀口再干烤。干烤后，刷上❶继续烘烤。

❹烤好的的鲷上撒上切碎的花椒嫩芽后装盘，添加樱花独活。

蒸物

鱼肝豆腐蒸的鲷
　白丝大葱、韭黄、胡葱、酸橘调味汁

❶制作酸橘调味汁。

❷白板昆布加水和酒煮软。

❸胡葱切细，韭黄切成 3 厘米长，大葱切成白丝。

❹的鲷的鱼身表面撒淡盐。

❺的鲷的内脏煮熟后切碎，鱼肝用滤网碾碎，鱼杂蒸熟后挑出鱼肉。生香菇切丝。

❻卤豆腐挤出多余水分后用滤网碾碎，加入蛋清和少量佛掌薯蓣泥，搅拌均匀后，与❺混合。然后，在白板昆布上铺上大约 3 厘米厚度的这种鱼肝豆腐泥。步骤❹的鱼身片成鱼片，然后像屋顶瓦片般盖在豆腐泥上。用湿纸巾压住后上锅蒸熟。放上韭黄蒸熟后，撒上胡葱，点缀上白丝大葱，最后浇上❶。

5月

六线鱼

割鲜

六线鱼焦皮生鱼片
冷鲜生鱼片
　鸭儿芹、菖蒲形状独活、大叶紫苏、山葵、梅肉酱油

煮物

花椒花煮六线鱼
　淡竹、款冬、花椒花

油炸物

绿色炸鱼块
油炸鱼中骨
　　蔬菜浇汁、生姜丝

汁

葛粉煮六线鱼
　　白菜帮、胡萝卜条、黑胡椒

烧烤

花椒烤六线鱼
　　紫苏煮芡实茎、生姜嫩芽

六线鱼

初夏的高级代表鱼类

六线鱼与香鱼的体形很像，味道也不输香鱼，是樱花鲷下市后，能代表初夏的白肉鱼中的珍品。

六线鱼喜欢生活在北海道以南沿岸的岩石地带，10月到11月雌鱼产下鱼卵，雄鱼守护鱼卵。但有时，雌鱼和雄鱼也会一起将鱼卵吃掉，真是一种奇怪的鱼啊。外观与六线鱼非常相像的单线六线鱼，虽然也属于六线鱼科，但和六线鱼并不是一种鱼。仔细观察的话会发现，单线六线鱼的颜色更深，斑点呈白色并且不够清晰。另外，北海道的远东多线鱼也同属六线鱼科。

越往北六线鱼越多，甚至能捕获到体形非常大的六线鱼。根据1974年的日本记录，当时的钓鱼书上就曾经写过在宫城县捕获到体长62厘米的六线鱼。不过这么大的鱼，味道到底如何呢？关西地区使用的一般是大阪的岸和田、和歌山、濑户内捕获的六线鱼，最大的也就35厘米长。小鱼可以用来炖菜或油炸，大鱼可以分割3片做成照烧鱼串（田乐烤鱼），直到昭和初期为止，都是使用这样的加热料理方法。断筋活杀的方法出现后，大大提高了生食鱼肉的口感，因此人们的评价也慢慢变高。但是，六线鱼有种独特的鱼腥味，鱼皮还是先霜烤处理一下比较好。

（译者注：霜烤，只将食物表面略微烤一下即移入冷水中冷却的烹饪方法。）

六线鱼

割鲜

六线鱼焦皮生鱼片
冷鲜生鱼片
　　鸭儿芹、菖蒲形状独活、大叶紫苏、山葵、梅肉酱油

❶六线鱼去除头部、内脏等不可食用的部分，然后用镊子拔除小刺。
❷将❶用铁扦穿成串，把鱼皮部分迅速过火烘烤。然后用流水冲洗冷却，擦去多余水分。抽去铁扦，连着鱼皮，用刀垂直切下生鱼片。
❸将步骤❶的鱼肉削去鱼皮，薄切成生鱼片。用冰水清洗后，擦干多余水分。
❹鸭儿芹焯水，使其颜色更鲜艳。独活去皮，切成长方形方片，然后再细细切成菖蒲的形状。
❺在铺了冰块的容器中铺上大叶紫苏，然后放入❷❸❹。
❻添加山葵泥。另取小碟添加梅肉酱油。

煮物

花椒花煮六线鱼
　　淡竹、款冬、花椒花

❶六线鱼去除头部、内脏等不可食用的部分，然后用镊子拔除小刺。鱼皮上划开刀口，用火烘烤。
❷六线鱼的鱼杂切成适当大小烧烤，然后和鲣鱼干一起放入昆布水中，点火炖汤。过滤。
❸切成适当大小的竹笋（淡竹）用步骤❷的汤炖煮。
❹款冬焯水，浸入步骤❷的汤中。
❺将步骤❸的汤和步骤❹的汤倒入锅中，放入❶熬成浓汤。然后放入❸❹，加入足量的新鲜的花椒花继续煮。盛入容器。

油炸物

绿色炸鱼块
油炸鱼中骨
　　蔬菜浇汁、生姜丝

❶扇贝的干贝用酒和水浸泡，然后煮软。
❷六线鱼分割成3片。中骨较宽部分用料理剪剪下，然后撒淡盐风干。
❸竹笋、胡萝卜、牛蒡、木耳分别切丝，用二番汁事先调味。鸭儿芹焯水，然后切成一样的长度。
❹步骤❷的中骨撒满小麦粉，团起来环成环状用竹扦穿好，下锅油炸。六线鱼的鱼肉切小块，裹上绿色的熟糯米粉，下锅油炸。
❺步骤❶的干贝仔细拆碎，和❸一起加淡口酱油、砂糖，做成糖醋浇汁。容器中倒入糖醋浇汁，然后盛入油炸鱼骨、糯米粉炸鱼肉。
❻添加嫩姜丝。

汁

葛粉煮六线鱼
　　白菜帮、胡萝卜条、黑胡椒

❶昆布水中放入六线鱼的中骨炖煮，汤汁备用。
❷六线鱼分割成3片。鱼身去除小刺，然后划出刀口。先撒盐，然后抹上葛粉。放入开水中，点火继续加热。
❸大阪白菜的菜叶用研钵研碎。菜帮用刀切成细条，和胡萝卜条一起放入昆布鲣鱼汤中预先调味。
❹步骤❶的汤中放入盐、胡椒调味。然后加入蛋黄、生奶油、白芝麻，使其没入汤中。收锅时放入步骤❸的白菜叶糊，迅速用葛粉勾芡。
❺木碗中盛入❷❸的食材，然后倒入❹。撒上黑胡椒粉。

烧烤

花椒烤六线鱼
　　紫苏煮芡实茎、生姜嫩芽

❶六线鱼的中骨不加调料干烤后，用少量的水和酒炖煮。过滤出汤汁，加入大豆酱油、浓口酱油、甜料酒、砂糖，做成酱料。
❷分割成3片的六线鱼去除小刺，鱼皮和鱼肉两面都划开刀口，用铁扦穿好。
❸花椒粒（嫩果）磨碎，混入❶中，然后将此酱料刷在❷上烧烤。边烤边刷酱料，如此重复3遍。刷第三遍酱料时，加入拌入切碎花椒嫩芽的鸡蛋液。
❹泉州芡实的茎切成20厘米的长度后剥皮，然后在中间再切一刀。芡实茎加二番汁、腌过咸梅的紫苏叶、浓口酱油、甜料酒慢煮。
❺将❸盛入容器。步骤❹的芡实茎每根切成3段后整齐摆放，与生姜嫩芽一起装盘。

鲹鱼（竹荚鱼）

下酒菜

豆渣裹鲹鱼片
　嫩姜、蓑衣黄瓜、珊瑚菜

油炸物

油炸鲹鱼及鱼骨粉
　虎耳草、艾蒿叶、石莼盐

80

割鲜

鲹鱼四方形鱼片和揉捏鱼条
　独活丝、山葵、紫苏花

沙拉

腌制鲹鱼沙拉
　贝冢早生、咸鲑鱼子、碎米荠、
生菜、刺山柑

烧烤

双色田乐酱烤鲹鱼
　河内一寸、生姜嫩芽

鲹鱼（竹荚鱼）

不想根据品牌，而是根据其本身的风味挑选鲹鱼

　　虽然一般说起鲹鱼，都是指真鲹，但是属于鲈形目鲹科的鱼全世界大约有140种，仅仅日本就有57种之多。这是因为五条鰤、拉氏鰤、高体鰤、舟鰤、合鰤等鱼类都属于鲹科。虽然同属于鲹科，但有的鱼是大众鱼类，有的鱼却是高级鱼类。最容易入手的鲹鱼中有种叫作"丸鲹"的鱼，味道比起真鲹略有不足。味道再低一个等级的话有种叫作"室鲹"的鱼，常用作臭咸鱼干的材料。

　　真鲹在过去曾是大众鱼类，但近年来通过在鱼名前冠上产地，一跃而成为高级鱼类。作为厨师，比起购买这些品牌鱼类，更想努力买到真正味道优质的鲹鱼。话虽如此，但有时也会看走眼，买到品质不好的鱼。越是在这种情况下，越要做出美味的料理，如此才是专业的厨师。话说回来，越是品质优良的食材，越是无须刻意运用复杂的烹饪手段就能做出美味的料理，这也是日本料理的优点。

　　鲹鱼中体形较小的可以用于制作握寿司，也可以像沙丁鱼、青花鱼一样与豆渣一起做菜，制作成用薯蓣代替米饭的薯蓣寿司也是一种不错的餐前小菜。要是觉得烤鱼串和炸鱼串之类的太大众化，那就和高级食材组合在一起，作为宴席料理中的一道菜。然后剩下的鱼骨可以干烤后与昆布一起熬汤，味道非常鲜美。觉得鱼骨汤没法给客人吃的话，可以留给后厨，做成美味的味噌汤。

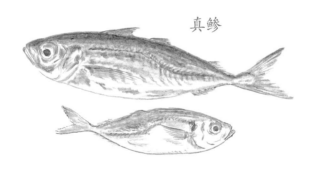

真鲹

下酒菜

豆渣裹鲹鱼片
　嫩姜、蓑衣黄瓜、珊瑚菜

❶鲹鱼分割成3片，重重抹盐，放入冰箱腌制大约6小时。然后取出用流水冲洗干净，擦去多余水分。
❷将❶的鱼皮朝下，放在备料的平盘上。醋和水按7∶3的比例混合后倒满平盘，然后盖上湿纸巾，浸泡30分钟。鱼取出后擦干水分，用昆布包裹起来，使昆布鲜味渗透进鱼肉。
❸剔除步骤❷的腹骨，用镊子拔出小刺，去皮。
❹豆渣仔细研磨，然后用滤网碾碎。加入打散的蛋清、牛奶、砂糖、醋和盐炖煮。加入切碎的甜醋渍嫩姜和焯水鸭儿芹混合。
❺将❸放平，用刀垂直切下鱼片。鱼片用土佐醋冲洗后，鱼皮上涂上❹。
❻容器中盛入❺、甜醋渍嫩姜、蓑衣黄瓜、珊瑚菜。

油炸物

油炸鲹鱼及鱼骨粉

　　虎耳草、艾蒿叶、石莼盐

❶鲹鱼分割成 3 片，用镊子拔出小刺，削去由腹至尾的锯齿状鳞片。

❷步骤❶的中骨撒淡盐风干后，离火远一点烘烤，注意不要烤焦。然后磨成粉，用筛子过滤，与熟糯米粉混合。

❸步骤❶的鲹鱼的表面全部裹上小麦粉，侧面抹上蛋清后蘸上❷，用 170℃的色拉油油炸。

❹碗中放入蛋清打发，用作面衣。虎耳草和艾蒿叶分别裹上小麦粉后，从蛋清面衣中走一遍，用170℃的色拉油油炸。

❺容器中盛入❸❹。另取小碟，装入石莼粉和盐的混合物。

割鲜

鲹鱼四方形鱼片和揉捏鱼条

　　独活丝、山葵、紫苏花

❶鲹鱼分割成 3 片，去皮，拔出小刺。

❷一片鱼身覆上和纸，撒盐和水，使其略带咸味。然后挤上酸橘汁，切成四方形鱼片。

❸另一片鱼身用刀切细，加少量山药泥增加黏稠度，然后拌入生姜末、紫苏末，揉捏成团。

❹四方形鱼片配上紫苏花和山葵，揉捏鱼条配上独活丝。搭配昆布酱油食用。

沙拉

腌制鲹鱼沙拉

　　贝冢早生、咸鲑鱼子、碎米荠、生菜、刺山柑

❶洋葱（贝冢早生）切薄片，撒淡盐，轻揉挤干水分。醋和凉白开按 7：3 的比例，加砂糖、盐、胡椒、玉筋鱼酱，做成腌制酱料。洋葱片放入其中腌制 30 分钟后捞出。

❷鲹鱼去除头部、内脏等不可使用的部分，撒盐腌制。然后放入步骤❶的酱汁中，鱼肉泛白时加入橄榄油，并与重新放回步骤❶的洋葱混合均匀。

❸切丝的生菜和碎米荠与❷一起装盘，然后撒上咸鲑鱼子、刺山柑。

（译者注：贝冢早生，洋葱的品种，贝冢市产的早熟洋葱。）

烧烤

双色田乐酱烤鲹鱼

　　河内一寸、生姜嫩芽

❶鲹鱼分割成 2 片，去除鱼骨和由腹至尾的锯齿状鳞片，撒一点点盐风干。

❷蚕豆（河内一寸）去除种脐（黑色的蚕线），加淡口酱油、酒、甜料酒快煮，用团扇降温。

❸腌制生姜嫩芽。

❹白味噌和田舍味噌按 7：3 的比例混合，然后加入酒、砂糖、甜料酒，制作甜度较小的田乐味噌酱。田乐酱分 2 份，一份加入生姜末，一份加入花椒嫩芽末，正好一红一绿两种颜色。

❺步骤❶的鲹鱼刷上❹烧烤，将酱料烤干为止。搭配❷❸装盘。

（译者注：河内一寸，蚕豆的品种，河内町产的一寸大的蚕豆。）

木叶鲽

割鲜

木叶鲽冷鲜生鱼片

嫩洋葱丝、唐草防风、紫苏丝、生姜醋味噌

拼盘

八角风味炖煮油炸木叶鲽

甜煮小土豆、河内一寸、生姜丝、辣椒丝、香叶芹

烧烤

芝士烤风干木叶鲽
脆烤鱼骨
　酱油糟渍乳黄瓜

油炸物

香炸木叶鲽
　基围虾仙贝、天汁、
香煎盐

木叶鲽

鱼身厚实，是大阪各大餐厅的常用食材

不能笼统地把两眼都在左的鱼叫鲆鱼，把两眼都在右的鱼叫鲽鱼，是因为总有跳脱这个规则生长的异类存在，不过木叶鲽的两只眼睛确实都在右边。因为两眼之间有板状的隆起以及小刺，所以木叶鲽在日语中写作"目板鲽"。此外，因为与其他的鲽鱼相比，木叶鲽两眼高高凸起在外，所以也有"目高鲽""出目鲽""目玉鲽"这样的强调眼睛的别名。

大阪人经常在家吃的赤舌鲆，虽然名字叫作鲆，但实际上是鲽鱼。餐厅经常使用黄盖鲽和木叶鲽作为食材。道顿堀的中座旁有一家叫作"松本"的餐厅，首次发布新菜品"油炸木叶鲽"时，是搭配天汁与酸橘食用的，当时非常受欢迎。然而不知道什么时候开始，天汁已经变成了柠檬醋酱油了。曾经有一段时间，日式料理店黄油烤木叶鲽的销量居高不下，干烧、盐烤等日式料理法几乎都没什么存在感。后来，浮躁的世态终于稳定了下来，生鱼片和冷鲜鱼片也慢慢恢复了以往的热度。这可能也与木叶鲽比起其他鲽鱼的鱼身要厚实，所以鱼肉也更多这一点有关，正所谓"饮食随时代而变化……"。

木叶鲽是生活在日本各地沿岸沙泥中的底层鱼类，大的木叶鲽，我比较喜欢使用不超过30厘米长的，要是油炸的话15~16厘米长的就足够了。在没有眼睛的鱼身一侧的白色腹部用刀开口，取出内脏。上下的鱼鳍从侧面向中骨用刀深深切入，中骨上方再用刀竖着深深切一刀，那么不论是炖煮还是烧烤，鱼肉都很容易从鱼骨上分离，方便食用。

（译者注：道顿堀，位于日本大阪市中央区道顿堀川沿岸的繁华商业街，有许多电影院、戏院、饮食店，江户时代已是小剧院集中的大道。）

（译者注：中座，位于日本大阪市中央区道顿堀的大剧场。）

（译者注：天汁，食用日式油炸菜肴时用于调味的汁，用昆布、松鱼等做的高汤中加入酱油、甜料酒熬制而成。）

木叶鲽

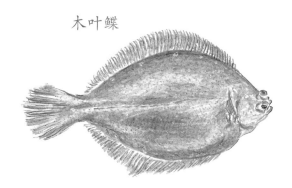

割鲜

木叶鲽冷鲜生鱼片

　嫩洋葱丝、唐草防风、紫苏丝、生姜醋味噌

❶用红味噌制作柔和爽口的醋味噌，并加入嫩生姜末。

❷将洋葱（贝冢早生）一瓣一瓣拨开，然后分别切2片，再切丝，最后用水浸泡。制作唐草防风。

❸木叶鲽分割成3片，去皮，片成鱼片，用冷水清洗。

❹将❸、洋葱、防风、紫苏丝一起装盘，搭配步骤❶的生姜醋味噌食用。

（译者注：唐草，藤蔓式花样。）

拼盘

八角风味炖煮油炸木叶鲽

　甜煮小土豆、河内一寸、生姜丝、辣椒丝、香叶芹

❶昆布水用酒稀释，放入八角浸泡，使其香味渗入。

❷选取较小木叶鲽，去头去尾。由鱼鳍两侧入刀，用料理剪将鱼鳍连骨一起剪下。将鱼身分割成2片，和鱼鳍、鱼头一起裹上薄薄一层小麦粉，下锅油炸。捞出后浇上热水去油。

❸锅中倒入❶，然后放入❷，加入浓口酱油、大豆酱油、生姜丝、辣椒炖煮。

❹小土豆削皮，削皮过程中注意修整土豆形状，然后用浓口酱油、酒、甜料酒制作颜色清淡的甜煮土豆。

❺蚕豆剥皮，用淡盐水浸泡。然后移入八方汁中，小火炖煮，煮熟后用冷水冷却。等锅中的汤汁也冷却后，将蚕豆放回汤汁中浸泡。

❻步骤❸的炖鱼按人数分盛，然后配上❹❺和香辛料。

烧烤

芝士烤风干木叶鲽
脆烤鱼骨

　酱油糟渍乳黄瓜

❶木叶鲽分割成5片，鱼肉、鱼骨撒盐。鱼肉晒至半干，鱼骨稍稍风干（在室内用电风扇对着吹）。

❷将步骤❶的鱼骨弯成船的样子，用铁扦穿好，然后离火远一点烘烤成仙贝状。

❸步骤❶的鱼肉用铁扦穿住两端烧烤。黄色蛋黄酱加入切碎的荷兰芹拌匀，用刷子刷在鱼肉上，然后撒上芝士粉继续烘烤。

❹乳黄瓜撒盐后在砧板上来回滚动，磨掉凸起的小疙瘩，然后浸入用昆布水稀释的酱油糟味噌中。

❺容器中铺上❷，然后放上❸。乳黄瓜切去头尾，然后竖直放置，在上面再放上酱油糟味增。

油炸物

香炸木叶鲽

　基围虾仙贝、天汁、香煎盐

❶木叶鲽分割成5片，划上浅浅的刀口。撒上淡盐静置一会儿后，裹上小麦粉。

❷切丝的紫苏裹上淀粉，再仔细捋顺。蛋清打发后，加入淀粉糊中，然后涂在❶的面皮外，再分别蘸上绿色熟糯米粉和白色熟糯米粉，下锅油炸。

❸基围虾去头、剥壳，只留虾尾。裹上淀粉后用研磨杵碾平整，下锅油炸，做成仙贝。

❹步骤❷的白色和绿色的木叶鲽、步骤❸的基围虾按照人数分盛入容器中。搭配天汁和香煎盐食用。

章鱼（蛸）

拼盘

章鱼小仓煮
　蚕豆泥裹土
豆、花椒煮竹
笋、生姜丝

割鲜

酒煎章鱼沙拉
　花形独活、
紫苏花、梅肉
调味汁

下酒菜

樱煮章鱼
　　裙带菜冻和海藤花、樱叶

小钵

切条章鱼肉
章鱼内脏
　　斜切独活片、蓼醋味噌

章鱼（蛸）

好像也有不吃章鱼的国家，不过大阪人特别喜欢吃

章鱼无骨，水母无目。光看外表的话，章鱼真的让人有点毛骨悚然，第一个尝试吃这种诡异生物的人真胆大啊！虽说也有坚决不吃这种来历不明、长相可怕的生物的国家，但是日本人，特别是大阪人却对此尤为喜爱。

一般很少会有家庭妇女去市场上买活章鱼，所以普遍卖的是煮熟的章鱼。熟章鱼买回来可以给爸爸做晚酌时的下酒菜。妈妈和孩子可以将章鱼须和头部切碎，在玩乐中将其做成章鱼小丸子。章鱼小丸子也是街边小店经常贩卖的一种小吃。

大阪中央市场有章鱼的专营商店，街头也有各种店名带"章鱼"的料理店，章鱼繁、章鱼竹、章鱼梅等。爸爸下班回家路上经过居酒屋时，也会先点上一碟章鱼块当下酒菜。

在明石的鱼棚市场，从箱子中逃脱的章鱼会四处寻找陶罐。与其可怕的外表相反，章鱼是种很胆小的生物，白天总是躲在洞穴中，夜晚才出来活动，爱吃虾蟹贝类，它那独特的风味是否也是由此而来的呢？章鱼一旦找到了隐蔽的居所就不轻易离开，即使将陶罐提出水面也完全意识不到，松尾芭蕉著名的俳句"蛸壶やはかなき夢を夏の月"（夏月夜，章鱼壶中虚幻梦）也由此而来。

（译者注：这里所说的陶罐是种捕捉章鱼的工具，傍晚放入水中，次日清晨提出。）

（译者注：松尾芭蕉，日本江户前期俳人。对俳谐进行革新，集齐大成，蕉风的开创者。代表俳句集有包括《冬日》《猿蓑》《炭包》在内的"俳谐七部集"。另有旅行记《露宿纪行》《奥州小路》等。）

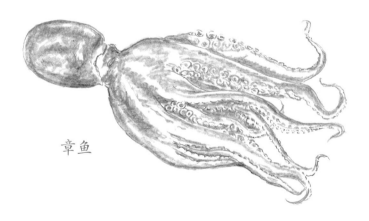

章鱼

拼盘

章鱼小仓煮
　　蚕豆泥裹土豆、花椒煮竹笋、生姜丝

❶红小豆放入水中浸泡一夜，然后煮软。煮制过程中裂开的红小豆捞出待用。
❷章鱼足用萝卜泥搓洗后静置。竹笋皮划出刀口，铺在锅底。然后放入章鱼，并添加酒、水、苏打水，用文火慢炖。汤汁减少后加入步骤❶的红小豆水继续炖煮。章鱼肉煮软后，加入红小豆，用大豆酱油、浓口酱油、砂糖调味。
❸竹笋加入米糠焯水去涩。将竹笋竖着切开，去除中间竹节后，切成同一大小的竹条。加入淡口酱油、八方汁炖煮，撒上切碎的花椒嫩芽后出锅。
❹蚕豆去皮，煮成甜口八方煮风味，然后用滤网碾碎过滤，制作成馅料。
❺小土豆削成橄榄球的形状，加入淡口酱油、酒、二番汁、砂糖，煮成甜口八方煮风味，然后用❹包起来。
❻将步骤❷❸❺的食材装盘。步骤❶中裂开的红小豆用滤网碾碎过滤，与颗粒状的红小豆混合，撒在❷上。用生姜丝做点缀。

（译者注：小仓煮，用小仓小豆煮的食物。）

割鲜

酒煎章鱼沙拉
　　花形独活、紫苏花、梅肉调味汁

❶选取较大的章鱼用萝卜泥搓洗。仅保留章鱼足较粗壮的部分的吸盘，去皮。用刀斜切成块，保证每块上有两个吸盘。身体部分用刀切成两半。
❷锅中放酒煮至沸腾，持续加热将酒精蒸发。关火，待温度降至70℃左右，放入步骤❶的章鱼块。章鱼肉缩水后，倒入竹篓沥干，并扇风降温。锅中汤汁倒出备用。
❸黄瓜切成宝剑的形状，独活切成菖蒲花的形状。
❹用咸梅干、咸梅汁、醋、煮切酒、橄榄油制作梅肉调味汁。
❺将步骤❷的章鱼和步骤❸的配菜一起装盘，撒上紫苏花。浇上步骤❹的梅肉调味汁。

下酒菜

樱煮章鱼
　　裙带菜冻和海藤花、樱叶

❶酒煎章鱼沙拉的步骤❷剩下的汤汁中注入昆布水，浸入盐渍樱叶，做成樱香底料。添加盐、甜料酒，然后用红色食用色素使其稍稍染色。
❷章鱼足较粗壮部分去皮去吸盘，斜切成片。倒入步骤❶的底料中炖煮。吸盘也同样炖煮。
❸裙带菜用稀释的昆布水泡发。焯水后，做成裙带菜冻，然后切成厚度3厘米的片状。
❹盐渍海藤花用水浸泡，去除多余盐分。
❺独活用刀环切去外皮，浸入盐水中。八方醋中加入樱叶，泡入独活。
❻土佐醋中磨入吉野葛粉，制作成吉野醋。
❼用樱叶将步骤❷的樱煮章鱼包裹后装盘，添加❸❹❺，然后浇上吉野醋。

（译者注：海藤花，将章鱼卵风干或用盐腌制而成，黄白色的章鱼卵相互粘连，有点像紫藤花，所以被称为"海藤花"。）

小钵

切条章鱼肉
章鱼内脏
　　斜切独活片、蓼醋味噌

❶章鱼的身体（头部）去皮，盐水煮熟，然后切成3厘米长的细条。章鱼皮和煮剩的汤汁留待备用。
❷步骤❶的章鱼皮煮至变软，切丝。
❸章鱼内脏去除肠和墨囊，一锅煮熟，然后切成小块。
❹用白味噌、醋、砂糖制作醋味噌。加入蓼泥，将醋味噌染成绿色。
❺将❶❷❸混合装盘，并用步骤❹的醋味噌进行调和。
❻点缀上斜切的独活片，再浇上蓼醋味噌。

（译者注：蓼，蓼科蓼属一年生草本植物的总称，狭义上指水柳蓼。高约50厘米，叶为长椭圆形，像柳叶。秋季开红色小花，穗状花序。长于河滩或水田。幼苗可用作香辛调味料等。）

6月
鮖鱼

醋物

鮖鱼和莼菜醋汤
越瓜、水培山
葵

吸物

鮖鱼的鱼杂丸子
汤
鮖鱼皮、葱
丝、生姜汁

92

割鲜

鲔鱼生鱼片
　昆布酱油泡白
芋、紫苏芽、山
葵、襄荷、黄
瓜、梅肉酱油

轻饭

鲔鱼肉松汤泡饭
　鸭儿芹、花椒
粒、碎芝麻、腌
越瓜、梅肉

鲬鱼

菖蒲鲬的生鱼片与河豚鱼片的鲜美程度不相上下

　　菖蒲盛开的季节正是鲬鱼的旬，因此鲬鱼也有"菖蒲鲬"的美称。但是，与其"菖蒲鲬"的美称相反，鲬鱼的长相可不美，下颚比上颚突出，典型的"地包天"。仿佛被腌咸菜的大石头压过一般扁平的头部上，只有一对眼睛炯炯有神。身体颜色与海底颜色相近，因此隐藏在海底伏击路过的饵料，难怪鲬鱼在日语中也可以写作"鯱"。从身体的形状来看的话，鲬鱼也经常被叫作"牛尾鱼"。

　　但是呢，"鲬の顔、器量悪しくしてうまかりし"（鲬之容颜，虽面目可憎却是美味佳肴）（俳人·草间时彦）。有个很有名的故事，说是以前有一位讲究吃喝的大名，一次就能吃 10 条、20 条鲬鱼，店家震惊之余询问了原因，原来这位大名只吃扁扁的鱼脸上那一点点的鱼肉，其他部分碰都不碰。也不知道这位大名是不是不知道菖蒲鲬的生鱼片与河豚鱼片的鲜美程度不相上下。鲬鱼做成鱼汤、鱼肉火锅也不错，还可以裹上葛粉，放入莼菜汤中，加入梅肉烧干。或者做成冷鲜鱼片，蘸上梅肉酱油食用也非常不错。

　　（译者注：大名，日本古时对封建领主的称呼。）

鲬鱼

醋物

鲔鱼和莼菜醋汤
　　越瓜、水培山葵

❶制作可以直接喝的醋。锅中放入昆布水和米醋，比例7:3，然后添加少量甜料酒，稍稍炖煮。放入冰箱冷却。
❷鲔鱼分割成3片，做皮霜处理后撒上淡盐，用昆布包裹3小时。稍稍用醋清洗，然后用刀斜切成5毫米的薄片。裹上葛粉，用热水焯一下。
❸莼菜迅速用热水焯一下后，放入冷水。
❹越瓜削皮，切成薄薄的瓜圈。迅速用盐水焯一下，然后再裹上葛粉用热水焯。
❺冷却的玻璃器皿中盛入❷❸❹，再注入❶。
❻撒入水培山葵。

（译者注：皮霜处理，鱼肉连皮做成生鱼片时，只将鱼皮部分迅速用开水过一遍，再用冷水冷却的方法。这样既保留了鱼皮的美味，也去除了腥味。）

吸物

鲔鱼的鱼杂丸子汤
　　鲔鱼皮、葱丝、生姜汁

❶制作鲔鱼生鱼片后剩下的鱼皮、鱼杂、边角料等全部收集起来。鱼皮焯水，去除剩下的鱼鳞，切成合适的大小。
❷鱼杂焯水后迅速用冷水冷却。等比配置的酒和水中，放入昆布浸泡两小时。将鱼杂和边角料放入此酒水中炖煮，加入少量淡口酱油、甜料酒调成较浓厚的口味。用竹篓过滤，汤汁留待备用。
❸步骤❷的汤汁中打入一个鸡蛋混合均匀，类似于制作鸡蛋豆腐的蛋液。步骤❷的鱼杂和边角料中加入生姜丝、薹朴，用保鲜膜裹成一团，然后水煮。
❹容器中盛入❸，倒入汤汁。最上方放上步骤❶的鱼皮和葱丝。

割鲜

鲔鱼生鱼片
　　昆布酱油泡白芋、紫苏芽、山葵、襄荷、黄瓜、梅肉酱油

❶咸梅干用滤网碾碎，放入米汤混合均匀。用砂糖、煮切酒调味。边搅拌边煮。
❷制作昆布酱油。煮切酒1、淡口酱油1、甜料酒少量，放入昆布浸泡一晚。
❸将❶❷等比配置，均匀混合，制作成梅肉酱油。
❹鱼身平放，鱼皮朝上，去除鱼皮。将和纸附着在鱼身上，撒上淡盐，用脱水薄膜包裹两小时。切成生鱼片。
❺将❹如同盛开的花瓣一般装盘。点缀上白芋、紫苏芽、山葵、襄荷、黄瓜丝。搭配步骤❸的梅肉酱油食用。

轻饭

鲔鱼肉松汤泡饭
　　鸭儿芹、花椒粒、碎芝麻、腌越瓜、梅肉

❶鲔鱼的鱼杂用热水焯一遍再用冷水冷却。仔细去除鱼鳞后，不放调料水煮，然后捞出。汤汁中放入昆布浸泡两小时。
❷将步骤❶的鱼杂放入温水中，挑出鱼肉。然后继续筛选（剔除脂肪和鱼胶等杂质）。撒上淡盐调味，然后隔水蒸，蒸至绵软剔透。
❸将步骤❶的汤汁上火煮沸，即昆布鲔鱼杂汤。加入少量酒、淡口酱油、甜料酒调味，味道可以比直接喝的鱼汤更为浓厚。
❹碗中盛入热饭，顶部放上满满的❷，然后如同汤泡饭一般浇上❸。
❺添加鸭儿芹、酱油渍花椒粒、碎芝麻等香辛料。

沙丁鱼

烧烤

风干酱油腌中羽
沙丁鱼
　醋泡囊荷、醋
泡莲藕

煮脍

小沙丁鱼
醋煮脍和空煮脍
　生姜丝、豆腐
渣、紫苏梅醋、
甜醋泡藕芽

醋物

沙丁鱼豆腐渣压
制寿司
　萝卜片卷生姜

主食

清汤沙丁鱼生姜饭
　紫苏丝、葱丝

沙丁鱼

沙丁鱼仔细清洗去除腥味后，用专业的技术来料理吧

　　各地发现的贝冢中都能发掘出沙丁鱼骨，从这一点来看，沙丁鱼在很久很久以前就已经是一种很普遍的食物了。远东拟沙丁鱼、蓝背脂眼鲱鱼、日本鳀这3种是最常见的沙丁鱼，此外还有黑背沙丁鱼、黑背鳀等品种。远东拟沙丁鱼中也有智利远东拟沙丁鱼、南非远东拟沙丁鱼、加利福尼亚远东沙丁鱼等分类。其他科属的鱼类也有叫"某某沙丁鱼"这样名字的鱼，沙丁鱼的关系好复杂啊。

　　沙丁鱼在日语中除了可以写作"鰯"，也可以写作"鰮"。刚出生的沙丁鱼通体白色，叫作"素子"，慢慢长到3~4厘米长开始逐渐显色，叫作"青子"，6厘米大小的可以称为"小沙丁鱼"，6~12厘米大小的叫作"小羽"，12~18厘米大小的叫作"中羽"，18厘米以上的叫作"大羽"。沙丁鱼的受欢迎程度丝毫不输于鲕鱼和鲻鱼。日语有句俗语叫作"鰯の頭も信心から"，翻译成中文即"精诚所至，金石为开"。另一句俗语"鰯七たび洗えば鯛の味"（沙丁鱼洗上七遍就是鲷鱼的味道）也绝不是穷人死要面子嘴硬说的话。这其中其实包含了料理沙丁鱼的诀窍——仔细用水清洗，可以去除沙丁鱼的腥味。水洗，然后用盐和醋紧致鱼肉——这可以说是沙丁鱼料理的基本了。因为不想多花时间，又嫌沙丁鱼腥味太重，所以现在的家庭不像过去那样经常吃沙丁鱼了。

　　而专业的厨师也觉得做沙丁鱼料理赚不到钱，所以也对其敬而远之。虽然沙丁鱼做不了主菜，但作为配菜或前菜的一种还是很不错的。沙丁鱼在营养价值这一点上可以说做到了满分，并且味道也不差。现如今沙丁鱼很少作为家庭料理出现，那么这就更应该是专业厨师展现技术的时候了。

（译者注：贝冢，由古人食后舍弃的贝壳等物堆积而成的遗迹，分布于世界各地。由于保存了不易腐烂的骨角器和动物遗体等，并在短时间内形成很厚的贝层，因此便于了解文化的变迁。）

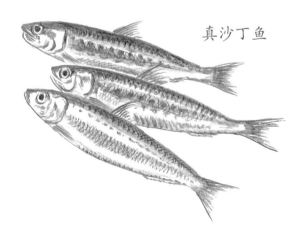

真沙丁鱼

烧烤

风干酱油腌中羽沙丁鱼
　　醋泡蘘荷、醋泡莲藕

沙丁鱼腌制酱油

❶沙丁鱼的头和中骨浸入水中清洗干净，擦干水分后抹盐，腌制 3 天左右。

❷将❶浸入水中洗去多余盐分，然后擦干水分。煮切酒和淡口酱油等比取用，加入少量甜料酒，配制腌制酱油。一般 3 个月左右即可食用，如果放上 3 年口感会更醇厚绵柔。

风干酱油腌沙丁鱼

❶将沙丁鱼腌制酱油和酒、甜料酒混合，制作腌制底料。

❷沙丁鱼去头、内脏，用水清洗干净。擦干水分后，将鱼腹向两边打开摊平，剥除中骨。然后放入步骤❶的底料中浸泡后，风干一晚。

❸用火烤制❷。步骤❶的腌制底料中加入蛋黄和葱花搅拌均匀，将此酱料刷在鱼身表面，继续烘烤。

❹用红射干的叶子做装饰，在盘中盛入两块烤沙丁鱼摞成两层。醋泡莲藕切薄片，用藕片包裹醋泡蘘荷点缀在旁。

煮脍

小沙丁鱼
醋煮脍和空煮脍
　　生姜丝、豆腐渣、紫苏梅醋、甜醋泡藕芽

❶沙丁鱼（小沙丁鱼）去头去尾，仔细清洗。昆布水中加入醋和酒，然后放入洗净的沙丁鱼，煮至鱼骨变软。做两份待用。

❷制作醋煮脍。将❶用淡口酱油、盐、少量甜料酒调味，然后加入生姜丝。

❸制作空煮脍。豆腐渣仔细研磨，然后满满地放入❶中。加入紫苏梅醋、盐、甜料酒调味。

❹将❷和❸分别装盘，并分别配上甜醋泡藕芽。

（译者注：空，这里指的是豆腐渣。脍，日语中指用醋拌的凉拌菜，被拌的食材多为生食；而"煮脍"则表示被拌的食材已经煮熟了。）

醋物

沙丁鱼豆腐渣压制寿司
　　萝卜片卷生姜

❶豆腐渣中加入蛋黄混合均匀，然后放入醋、砂糖、盐调味，制作成豆腐渣寿司的底料。

❷沙丁鱼由腹部向两边打开摊平，去除中骨，撒上重盐放置一晚，然后用水洗去多余盐分。用醋浸泡，使肉质浸透，注意调整味道咸淡，然后用昆布包裹腌制。

❸黄瓜如卷轴般环切成一长片，放入盐水浸泡。

❹按压模具中铺上一层步骤❷的沙丁鱼，然后再铺上一层同样厚度的步骤❶豆腐渣寿司底料。然后再重复操作，一共铺 5 层。盖上盖子，放上重石压制。

❺步骤❹的寿司压实后，按照差不多一条沙丁鱼的大小切成棒状。步骤❸的黄瓜擦去水分，裹在寿司棒外面。然后将寿司棒按照一口一块的大小切成寿司块。

❻甜醋泡萝卜如卷轴般环切成一长片，然后用此萝卜片包裹甜梅醋泡生姜。切开后装盘。

主食

清汤沙丁鱼生姜饭
　　紫苏丝、葱丝

❶中羽沙丁鱼去头，仔细清洗。

❷淘米，然后放入昆布，用淡口酱油和盐调味。加入新生姜。

❸将步骤❷的生姜饭上火煮，水开始沸腾时，将锅先从火上撤下来。将步骤❶的沙丁鱼头朝下插入饭锅中，然后将饭锅上火继续煮。

❹饭煮好后，只要抓住沙丁鱼尾一拔就能拔出中骨，而鱼肉则留在饭锅中。将鱼肉与饭搅拌均匀（不搅拌也不错），盛入碗中。

❺温热的饭碗中盛入沙丁鱼饭，然后浇入热腾腾的清汤，最后点缀上紫苏丝、葱丝做香辛料。

沙钻鱼

烧烤

芝士烤带子沙钻
鱼
　昆布包越瓜

煮物碗

火烤沙钻鱼
　鸡蛋豆腐、抹
茶素面、鸭儿
芹、美味汤底、
香橙

脍

沙钻鱼的黄瓜薯
蓣寿司
　蛋黄醋基围
虾、醋渍防风

割鲜

沙钻鱼觉弥酱
菜脍
　水前寺海苔、
紫苏丝、山葵、
梅酱

沙钻鱼

身体呈淡白色，肉质细嫩，稍稍用盐调味就很美味了

　　沙钻鱼在别的国家也能看见，日本主要有4种沙钻鱼：白沙钻鱼、青沙钻鱼、星沙钻鱼和元沙钻鱼。这4种之中要数白沙钻鱼的味道最好，其次就是身体颜色有些发青的青沙钻鱼。星沙钻鱼和元沙钻鱼只在图鉴上看过，我也不知道味道如何，要是能买到的话，很想各种方法都试试，看看味道如何。

　　沙钻鱼的身体呈淡白色，肉质细嫩，鱼肉本身固有的味道就很可口，这一点可说是沙钻鱼的特色了。撒上淡盐，味道也很美味，非常适合清淡的料理。水煮的话，也比较适合用淡口酱油。冬天的口感也不错，而夏天则正是吃沙钻鱼的旬，可说是最适合炎热天气时吃的鱼类了。新鲜的沙钻鱼切成生鱼丝，或者轻轻捏紧实做成握寿司十分美味。虽说只有盐烤、天妇罗、油炸等日式料理方法才能发挥出沙钻鱼应有的美味，但也要随机应变，活用西洋料理方法。

　　钓友们都说比钓白沙钻鱼更有意思的是钓青沙钻鱼，在浅海区域撑起小马扎坐上去，就可以海钓了。缓缓放下渔线，静待鱼上钩，青沙钻鱼咬钩的动静堪比大鱼，手感满分。因此，青沙钻鱼也被称为小型大鱼。但是随着潮水的渐涨，小马扎也慢慢被淹没在水下，初次尝试钓沙钻鱼的钓友们可能会有点害怕，只盼望着渔船能尽快来接他们回去，完全不能享受海钓的乐趣。听到这里，我想起身为旱鸭子的我自己，也不可避免地会怕水啊！

沙钻鱼

烧烤

芝士烤带子沙钻鱼
　　昆布包越瓜

❶用土佐醋制作吉野醋。

❷越瓜去子，放在砧板上，撒盐抹匀，然后放入开水中稍微烫一下。去子后留出的空洞中塞入卷成团的昆布，然后外圈也用昆布包起来，压上重石。

❸选取体形较大的沙钻鱼，将其从脊背切开，取出中骨，抽出腹骨，然后抹盐。

❹鱼子撒盐，放入烤箱烘烤。

❺熬制混合鸡蛋液。蛋液中加入芝士，将❹切碎也加入蛋液中，搅拌均匀，上火熬制成半熟状态。将此混合蛋液塞入❸的鱼腹中，然后用铁扦从鱼嘴穿入，由鱼鳃出来后再插入鱼身，直至鱼尾穿出。上火烤制。刷上黄色蛋黄酱，撒上切碎的荷兰芹，继续烘烤，结束。

煮物碗

火烤沙钻鱼
　　鸡蛋豆腐、抹茶素面、鸭儿芹、美味汤底、香橙

❶将沙钻鱼分割成 3 片，撒上淡盐腌制 5~6 个小时后，风干。

❷制作鸡蛋豆腐，切成适合做汤料的大小。

❸将抹茶素面整齐入锅煮熟。鸭儿芹煮熟。

❹用一番汁制作汤底，然后放入少量浓口酱油，用甜料酒提鲜。

❺将❶的沙钻鱼用火烤制。鸡蛋豆腐加热后放入碗中，然后放入抹茶素面和鸭儿芹，倒入❹。用香橙片提升香气。

脍

沙钻鱼的黄瓜薯蓣寿司
　　蛋黄醋基围虾、醋渍防风

❶鸡蛋 10 个，9 个撇去蛋清只留蛋黄，与剩下的一个完整的蛋混合均匀，加入醋、砂糖和盐调味，用小火熬制成半熟状态。

❷制作薯蓣寿司饭。厚厚削去一层佛掌薯蓣的皮，随意切块。用醋水稍微浸泡一会儿，然后上锅蒸熟。趁着还热的时候，用滤网碾碎。薯蓣泥中加入砂糖、醋、盐调味。

❸毛马黄瓜去除粗糙的外皮以及内部瓜子，纵切成两半，成导水沟形状。沿着横截面切丝，撒上淡盐，用力挤干水分。

❹沙钻鱼用昆布包裹，使其染上昆布鲜味。鱼身去皮切片，如同铠甲一般错开堆叠。步骤❷的薯蓣寿司饭中加入❶混合均匀，然后再加入❸，制作成细棒状。此混合薯蓣泥即可替代寿司饭制作小袖寿司。涂上吉野醋。

❺基围虾用盐水煮熟，蛋黄醋中添加少量蛋黄酱。将此蛋黄醋浇在基围虾上。

❻用醋渍防风做点缀。

●毛马黄瓜　产于大阪的毛马町的黄瓜。表皮呈青白色，表面的突起是黑色的。

割鲜

沙钻鱼觉弥酱菜脍
　　水前寺海苔、紫苏丝、山葵、梅酱

❶将伊势泽庵腌萝卜切成 3 厘米的长条，泡在水中去除涩味，然后用盐适当调味。

❷沙钻鱼分割成 3 片，将和纸覆在鱼肉上，撒上盐和水，然后用脱水薄膜包裹好，静置两小时。切成生鱼条。

❸大叶紫苏切丝。水前寺海苔放入水中泡发，切成三角形。

❹将❶❷糅合在一起装盘，然后添加❸的紫苏丝、水前寺海苔、山葵泥，搭配梅酱食用。

(译者注：觉弥酱菜，日式酱菜的一种，将数种长时间腌渍的酱菜切细，去掉咸味，浇上酒和酱油做成。据传岩下觉弥曾向德川家康推荐这种酱菜，故名。)

康吉鳗

拼盘

康吉鳗鱼豆腐
　茄子荷兰煮、
白芋、花椒嫩芽

烧烤

烤康吉鳗鱼卷
生姜嫩芽

割鲜

焦烤鲜活康吉
鳗生鱼片和冷
鲜鱼丝
　萝卜苗和四
季萝卜、独活
花、朝仓酱油

饭

康吉鳗竹叶卷饭
腌生姜

康吉鳗

味道介于鳗鱼和海鳗之间，料理时可以发挥的空间很大

　　康吉鳗在日语中写作"穴子"，从这个名字就能看出来，康吉鳗很喜欢洞穴。白天躲藏在昏暗的洞穴或者岩石的缝隙中，要是以上都没有的话，就会把自己埋进砂石中，只露出脸。利用康吉鳗的这一特性，将壶罐等容器沉入水底，康吉鳗会一条条钻入其中，直至填满容器不留缝隙，并且它们会整齐地只露出脸部。看到它们这样的姿势，真是让人笑得不能自已。到了夜晚，康吉鳗就会从洞穴中出来，顺手抓到什么就吃什么。因为这个习性，钓康吉鳗自然是夜晚的活动了。

　　康吉鳗据说在全世界大约有110种，日本的话，有星康吉鳗、银康吉鳗、黑康吉鳗3种。据说有人曾经钓到过20千克的黑康吉鳗，觉得太吓人了就又扔回去了。3种之中最常用作料理的是星康吉鳗。5厘米左右的幼鱼呈薄薄的柳叶形，身体透明。20~25厘米左右的是小鱼，然后就是成熟的康吉鳗了。星康吉鳗的体侧有类似杆秤上的白色斑点，所以也有"秤星"的别名。

　　海鳗在日语中写作"鱧"或者"海鳗"，但是味道与康吉鳗完全不同。康吉鳗的味道介于鳗鱼和海鳗之间，所以料理时可以发挥的空间很大。康吉鳗的产地要数兵库、室津、高砂的临海以及明石海峡比较有名，大阪的渔获很少，但物以稀为贵嘛。大阪的泉佐野市的渔港二层食堂的康吉鳗天妇罗盖饭就非常受欢迎。白天来买绳状鱼类的同行们，很多人还是希望能买到康吉鳗的。

康吉鳗

拼盘

康吉鳗鱼豆腐
　　茄子荷兰煮、白芋、花椒嫩芽

❶康吉鳗的鱼杂干烤后，加入昆布水煮鱼汤。
❷大阪长茄切去两端，竖着切出刀口后下锅油炸。控油后，用料理纸裹好下锅，加入淡口酱油，煮成甜口的八方煮。冷却后茄子就完成了上色。
❸白芋煮熟，用八方汁浸泡。
❹康吉鳗展开成一片，鱼皮用开水冲洗去黏液。
❺锅中倒入❶，加入酒、淡口酱油、甜料酒调味，将康吉鳗煮至软烂，用菜板夹住冷却。
❻用步骤❺的汤汁制作成较黏稠的鸡蛋豆腐蛋液。
❼蒸盒底部铺上1厘米厚的萝卜，插上几根牙签，然后在牙签上穿上3层康吉鳗，每层康吉鳗中间留好空隙。缓缓倒入❻，上锅蒸熟。
❽用康吉鳗的鱼汤制作葛粉芡汁，用作浇汁。将❷加热后，一同装盘。添加❸和花椒嫩芽。

烧烤

烤康吉鳗鱼卷
　　生姜嫩芽

❶展开康吉鳗，鱼骨和鱼头干烤后和昆布一起煮汤。
❷用浓口酱油、酒、甜料酒制作幽庵酱汁，放入展开的康吉鳗腌制。
❸选取较粗的牛蒡清洗干净，切成一条康吉鳗能卷完的长度。加入米糠焯水去涩，皮和芯之间插入细铁扦，然后沿着芯的边缘转动铁扦，即可将芯去除。步骤❶的鱼汤中加入酒、淡口酱油稍稍调味，留作备用。
❹将❷卷在❸上，卷成八幡卷，插上铁扦烧烤。幽庵酱汁中加入蛋黄混合均匀，然后涂在八幡卷上，继续烘烤。
❺切成一口的大小，装盘。添加醋渍生姜嫩芽。

割鲜

焦烤鲜活康吉鳗生鱼片和冷鲜鱼丝
　　萝卜苗和四季萝卜、独活花、朝仓酱油

❶鲜活的康吉鳗切开，去鱼鳍，用火将鱼皮烤至发焦。纵切成两片，然后再切成4厘米左右的长度。如果康吉鳗比较大的话，事先去除鱼骨。
❷另取一条较大的康吉鳗切开，去皮。迅速用开水焯一下后放入冷水冷却，使肉质更加紧致。切成生鱼丝。
❸酱油腌朝仓花椒仔细研磨，然后加入刺身酱油中，再过滤出来。
❹萝卜苗切成两半，将四季萝卜削成剑的形状，将二者搭配在一起。
❺步骤❶的焦烤康吉鳗生鱼片，有的在鱼皮上撒上碎芝麻，有的在身侧蘸上海苔粉，将这两种混搭装盘。步骤❷的冷鲜鱼丝也一同装盘。添加❹。搭配步骤❸的朝仓酱油食用。

饭

康吉鳗竹叶卷饭
　　腌生姜

❶康吉鳗的鱼骨和鱼头干烤后，加入昆布水煮鱼汤。
❷将康吉鳗展开，穿上铁扦，刷上酒、甜料酒、大豆酱油调制的酱汁烤制。烤好后竖着切成4段。
❸糯米和粳米同比混合，加入步骤❶的鱼汤煮成米饭。将米饭铺在湿布上，以❷为芯，卷成卷饭。按照竹叶的宽度切开，每段都用竹叶单独包裹，并用竹皮带扎好。
❹装入塑料袋，做成真空包装，或者冷冻起来保存。上锅一蒸就可以吃了。

7月

海鳗

割鲜

海鳗的鱼白生鱼
丝和冰缩生鱼片
白芋、紫苏花
穗、蘘荷、大叶
紫苏、梅肉酱
油、一味柠檬醋

烧烤

毛豆烤海鳗
甜梅醋泡莲
藕、螺旋形越
瓜干

小锅

海鳗内脏和基
围虾鸡蛋汤
　鸭儿芹、花椒
粉

冷菜拼盘

浇汁海鳗鱼子鸡
蛋羹
　紫苏风味红色
芋头茎、小秋
葵、香橙

109

海鳗

海鳗"虽生于难波，却长于江户"

日本有句谚语"鱧も一期、海老も一期"，这句话直译过来就是"海鳗也只活一世，大虾也只活一世"。也就是说，虽然人与人之间会有贫富、地位的差距，但是人活一辈子也没什么特别不一样的。

那么，再细究海鳗与大虾谁是"贫"谁是"富"的话，自然是经常出现在庆典等正式场合的大虾棋高一着。很久以前，江户地区的人们还会嘲笑京都大阪地区的人们，"上方的人连只有骨头的康吉鳗化成的妖怪都吃"。因为武士政权的江户地区的饮食文化以清淡为佳，他们已经习惯了海鳗的清淡味道。另一方面，天皇统治下的京都也喜欢上了这种清淡味道，大厨们的技术也在不断提升，以至于海鳗料理逐渐变成了京都料理的代表。

海鳗在日语中除了写作"鱧"，也写作"海鳗"，由这两个字可以看出，海鳗属于鳗鱼目海鳗科，即使离开水也死不了。因此，海鳗可以与章鱼一起运送到不临海的京都地区。据相关书籍记载，海鳗从天正时代（安土桃山）开始就已经成为人们的盘中餐了，这大概是京都地区的记录吧。大阪的难波宫遗迹连同黑鲷、鲷鱼、鲈鱼等一起，也发掘出了很多海鳗的鱼骨，由此可知，远在大阪湾还被称为茅渟的大海时，人们就已经开始食用海鳗了。也不知道当时是个怎么样的吃法。

不管怎么说，堺市是江户幕府时代开始前的庆长十年（1605）才开始锻造菜刀的，那么在此之前是用武士刀切除鱼骨的吗？这么一想的话，海鳗料理是不是"虽生于难波，却长于江户"呢？梅雨季后，"大阪的祭典，离不开海鳗料理"，有这样吟诵海鳗料理的诗。然而此时的海鳗，脂肪堆积得还不够厚，海鳗的旬非盛夏莫属。对于地处盆地地区的京都来说，海鳗可说是度过骄阳肆虐的酷暑不可或缺的鱼类了。

（译者注：难波，日本大阪市一带的古名，为淀川、大和川和大阪湾所环绕，以上町台地为中心，是古代政治、交通中心地。难波在日语中可以写作"難波"，也可以写作"浪速"。）

（译者注：上方，日本京都及附近地区，今以京都、大阪为中心的近畿地区。因明治以前日本国都在京都而得名。）

（译者注：茅渟，日本旧时的和泉国沿海地区的古称。）

（译者注：堺市，位于大阪市南面，工商业城市。室町时代以后，作为与中国明朝和东南亚的贸易港繁荣起来。除现代工业外，还有铺席、刃具等传统工业。）

海鳗

割鲜

海鳗的鱼白生鱼丝和冰缩生鱼片
　　白芋、紫苏花穗、蘘荷、大叶紫苏、梅肉酱油、一味柠檬醋

海鳗的鱼白生鱼丝
❶海鳗的鱼白煮熟后用滤网碾碎。
❷海鳗平放在砧板上，去除鱼皮，切除鱼骨。覆上和纸，撒上淡盐，用脱水薄膜包裹两小时。解开薄膜，切成生鱼丝。鱼皮留待备用。
❸在步骤❷的生鱼丝上撒满❶。
❹步骤❷的鱼皮焯水后切丝。

海鳗的冰缩生鱼片
❶水中放入昆布静置两小时，然后放入海鳗的中骨，点火炖煮。
❷步骤❶的鱼汤取 2/3 冷却，加入冰块。
❸步骤❶的鱼汤剩下的 1/3 加水，点火煮开。
❹海鳗平放在砧板上，切除鱼骨，切成一口大小的鱼块。将鱼块鱼皮朝下，整齐摆放在竹篓中。
❺只将❹的鱼皮部分浸入❸中，使其升温。然后将海鳗鱼块完全浸入❸中，并迅速提起，放入❷中冷却。提出竹篓。

结束
❶玻璃容器中混合放入海鳗的鱼白生鱼丝和冰缩生鱼片，然后添加白芋、紫苏花穗、醋泡蘘荷、大叶紫苏末。
❷另取容器盛放溶入梅肉的酱油和一味柠檬醋。

烧烤

毛豆烤海鳗
　　甜梅醋泡莲藕、螺旋形越瓜干

❶毛豆煮熟，剥去豆荚。取一半磨成泥。
❷蛋黄打散，留下 1/3。剩下的倒入锅中，点火炒至半熟状态。
❸将步骤❶的毛豆和毛豆泥、步骤❷的半熟鸡蛋、预留的蛋黄、蛋黄酱、田舍味噌混合均匀。
❹海鳗平放在砧板上，去除鱼骨，鱼身抹盐，静置两小时左右。用铁扦穿起海鳗，鱼肉一面刷上黄油酱油，鱼皮一面满满涂上❸，上火烘烤。
❺将❹切成合适的大小，盛入容器。添加甜梅醋泡莲藕、螺旋形越瓜干。

小锅

海鳗内脏和基围虾鸡蛋汤
　　鸭儿芹、花椒粉

❶打开海鳗，取出内脏，剔除中骨。
❷将海鳗的中骨和昆布一起煮汤。
❸基围虾去头去壳，只留虾尾。虾头虾壳放入❷中一起煮汤。
❹新牛蒡斜削成竹叶状薄片。
❺海鳗的内脏（有鱼子和鱼白的话更好）仔细清洗，切成合适的大小，焯热水后迅速用冷水冷却。
❻小锅（或者制作柳川锅时用的锅）中铺满❸和❺，然后再撒上❹，倒入步骤❷的汤汁，点火炖煮。锅沸腾后，加入打散的鸡蛋。锅中食材与汤的比例为 1:7。
❼撒上鸭儿芹和花椒粉。

（译者注：柳川锅，一种日本菜肴。将切开背部去骨的泥鳅和削成薄片的牛蒡放入浅底锅中炖煮，然后加入鸡蛋做成。）

冷菜拼盘

浇汁海鳗鱼子鸡蛋羹
　　紫苏风味红色芋头茎、小秋葵、香橙

❶从海鳗的腹中小心取出鱼子。鱼子放入滤网中，将滤网泡入水中去血腥。然后用热水焯一遍，迅速用冷水冷却。
❷二番汁中加入酒、盐、淡口酱油、砂糖、甜料酒，制作甜口八方汁。甜口八方汁中放入❶煮熟（汤汁稍微留一些待用）。蛋清和蛋黄按照 2:1 的比例混合并打散，倒入稍稍冷却的鱼子中，然后边加热边搅拌，直至蛋液呈半熟状态。将鱼子鸡蛋液倒入蒸盒，上锅蒸熟。
❸红色芋头茎剥皮、撕成细条，锅中放入热水、萝卜泥、干辣椒、少量醋，然后用此热水将芋头茎焯一遍。捞出后用清水漂洗。
❹淡口酱油、酒、砂糖制作甜口八方汁，然后放入芋头茎煮熟，然后用腌制咸梅的紫苏汁增加酸味并上色。
❺步骤❷留待备用的汤汁中加入水溶葛粉，制作浇汁。
❻将步骤❷的鱼子蛋羹切开，使其截断面看起来如同冻豆腐一般。❸与焯过水的小秋葵、红色芋头茎一起装盘。然后浇上步骤❺的浇汁。

黑鲷

割鲜

黑鲷冰鲜鱼片
　　毛马黄瓜、萝
卜苗、黄瓜花、
绿色鸡冠菜、红
色鸡冠菜、花椒
醋味噌

蒸物

清蒸焦烤黑鲷头
　　葛根粉丝、鸭
儿芹、独活丝、
蓼浇汁

醋物

橄榄油焦烤黑鲷
　　贝冢洋葱腌渍汁、蓑衣黄
瓜、辣椒丝、防风

烧烤

腌制一夜的黑鲷幼鱼
　　烘烤南瓜干、醋泡新莲
藕、花椒粒

煮鱼

炖煮黑鲷鱼头
　　洋芹、冬葱、生姜丝

黑鲷

黑鲷先去除鱼皮、鱼子、内脏再做料理吧

　　日本大阪湾地区能捕获到很多黑鲷。黑鲷的鱼腥味较重，因此也有人对它敬而远之。鱼腥味较重可能是因为黑鲷在进入海水与淡水交汇的水域时，有时会沿着河流逆流而上，在污水中寻找饵料的缘故。过去的河水要比现在的清澈，捕捉"梅雨黑鲷"之所以让人高兴，也是因为梅雨季节的雨水很多，无论是河水还是海水都变得更加澄净了。现在黑鲷的鱼肉腥臭味也没有那么大了，但是最好还是不吃鱼皮，含有微量毒素的内脏也不要吃。

　　黑鲷的视野比较宽阔，想要钓上来的话还是比较困难的。虽然逃跑速度非常快，但黑鲷无论是鱼饵什么都想吃的贪心，也给了钓鱼的人捕获的机会。虽然黑鲷在生长发育的不同阶段名字也不断变化，"茅茅、海津、茅淳"，但确实是鲈鱼目鲈鱼亚目鲷科鱼类，属于地地道道的鲷鱼。知道黑鲷的处理方式，制作更多的黑鲷料理并乐在其中，也是专业料理人的本事啊！

黑鲷

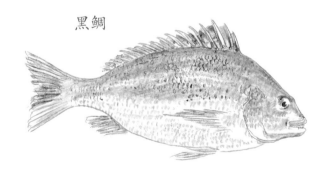

割鲜

黑鲷冰鲜鱼片

　　毛马黄瓜、萝卜苗、黄瓜花、绿色鸡冠菜、红色鸡冠菜、花椒醋味噌

❶黑鲷分割成 3 片，去皮后切成薄片。在大约 60℃的热水中过一遍后，再用冰水清洗。

❷田舍味噌和醋、砂糖混合均匀，制作醋味噌。花椒花（或者花椒粒）用料理机打碎，加入醋味噌中混合均匀。

❸玻璃容器中铺上一层冰，将黑鲷的冰鲜鱼片、削成剑形的毛马黄瓜、萝卜苗、黄瓜花、绿色和红色的鸡冠菜一起装盘。另取小碟盛入花椒醋味噌。

蒸物

清蒸焦烤黑鲷头

　　葛根粉丝、鸭儿芹、独活丝、蓼浇汁

❶准备蓼浇汁。将酸橘汁、白酱油、醋、甜料酒、煮切酒、色拉油、橄榄油混合均匀后静置。

❷仔细去除黑鲷头部鱼鳞，然后抹盐腌制 30 分钟。

❸将❷用大火烤至表面焦黄，放入铺了一层昆布的容器中，倒点儿酒，上锅蒸。

❹蓼叶用料理机打成泥，然后加入❶混合均匀。

❺容器中盛入❸，然后添加煮熟的葛根粉丝、鸭儿芹、独活丝。浇上❹。

醋物

橄榄油焦烤黑鲷

　　贝冢洋葱腌渍汁、蓑衣黄瓜、辣椒丝、防风

❶黑鲷按做成生寿司的量抹盐腌制 5~6 小时。

❷贝冢洋葱切丝后，撒上少许盐轻轻揉搓。少量胡萝卜丝用盐水浸泡。

❸橄榄油、醋、淡口酱油、盐、胡椒、酒混合均匀，制作成腌渍汁。

❹毛马黄瓜切成蓑衣黄瓜，用昆布盐水浸泡。

❺将❶用铁扦穿起来，涂上橄榄油，烤至表面焦黄。像切生鱼片一样将鱼肉切片，盛入容器中。

❻将❷和❸混合拌匀，然后浇在❺上，静置一晚。

❼蓑衣黄瓜用土佐醋浸泡后一起装盘，然后添加辣椒丝、防风。

（译者注：生寿司，将鱼用盐腌制，再用醋浸泡后食用，虽然叫作寿司，但却不使用米饭，直接将鱼肉切片食用。）

烧烤

腌制一夜的黑鲷幼鱼

　　烘烤南瓜干、醋泡新莲藕、花椒粒

❶黑鲷幼鱼分割成 3 片，放入淡口酱油、酒、少量甜料酒混合调制的料汁中浸泡。放在阳光下晒干。

❷黑皮南瓜去皮，切成 1 厘米的厚度，用盐水浸泡，放在阳光下晒至半干。

❸将❶❷用火烘烤，然后一起装盘。再撒上酱油渍花椒粒。

❹添加醋泡新莲藕。

煮鱼

炖煮黑鲷鱼头

　　洋芹、冬葱、生姜丝

❶在用水稀释后的美酒中泡入八角，制作成香料水。

❷将黑鲷的头部按照真鲷的方式做预处理。

❸洋芹去皮，切成 7 厘米长的长条。新生姜切薄片。

❹锅中放入酒和水，炖煮❷，用浓口酱油、砂糖、甜料酒调味。加入❸、咖喱粉、步骤❶的香料水，继续熬煮。

❺将步骤❹的黑鲷和洋芹一起盛入容器中。添加焯过水的冬葱作为绿色时蔬，用生姜丝做点缀。

香鱼

醋物

香鱼的蓼醋脍
  凉拌刀拍毛马
黄瓜、莲藕、醋
泡防风、蓼叶泥
醋浇汁

凉面

昆布水泡烤香鱼
  手工素面、蘘
荷 花、鸭 儿 芹
结、山葵、香鱼
风味汤底

烧烤

芦苇烤香
鱼包
　醋泡莲
藕、生姜
嫩芽

油炸物

油炸蓼泥
面拖香鱼
鱼骨仙贝
　蓼盐、酸
橘

香鱼

略带苦味也暗含香气的肉质以及精悍的长相是以硅藻为食的缘故

产在河川岩石上的香鱼卵的孵化时间，根据各地的温差，从晚秋到初冬的都有。孵化后，顺着水流进入大海过冬，长到 6 毫米左右的长度时被称为"素子"，然后长成 3~4 厘米左右的半透明的幼鱼时被称为"冰鱼"，长成 5~6 厘米的小鱼崽时，开始沿着河流溯流而上。在此迁徙途中，经过 4~5 个月的生长即成为小香鱼。《古事记》中记载，神武天皇在即位前，在吉野川的下游遇到了用筌（一种竹制的捕鱼器具）捕香鱼的人。《日本书纪》的《天智纪》中也有"……吉野的香鱼"的记载。此外，末宏恭雄的著书《鱼与传说》中还提到，在《古事记》中有记载，仲哀九年（200）四月（阴历），神功皇后在征伐三韩的途中，在现在的佐贺县松浦市钓到香鱼，并用其占卜了战争运势，因此才出现了"鲇"这个字。虽然"鲇"这个字在日语中表示"香鱼"的意思，但是在中国，"鲇"却表示"鲇鱼"的意思。

皇后钓到香鱼时是阴历四月，也就是阳历的 5 月，并且是在九州地区，香鱼应该已经发育成熟。此后雨季一过，香鱼长至全长 10 厘米左右，此时就只以附着在河底岩石上的硅藻为食了。每条香鱼会独占大约 1 米的地盘，因此才会用"鱼"加上"占"的"鲇"来表示香鱼。对于"鲇"的由来，也有坚持以上主张的钓友。不管怎么说，正是因为硅藻，香鱼才有了独特的苦味，以及坚守自己地盘的精悍的长相。香鱼的旬，最不负"香鱼"这个美名的时节，关西地区是在 7 月。味道的好坏与河流的缓急、硅藻、降雨等有很大的关系呢！

（译者注：三韩，古代朝鲜的马韩、辰韩、辩韩等三个韩族的统称。）

香鱼

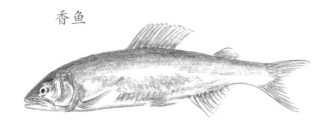

醋物

香鱼的蓼醋脍
　　凉拌刀拍毛马黄瓜、莲藕、醋泡防风、蓼叶泥醋浇汁

❶米醋和凉白开按照6:4的比例混合，用盐和甜料酒调味，放入一点点的淡口酱油，然后将昆布浸泡在里面。

❷将蓼叶磨成泥，茎用研磨杵捣烂。

❸香鱼分割成3片，去皮和腹骨，平铺在砧板上。撒上重盐腌制3小时后，再用水清洗干净。步骤❶的料汁里也放入步骤❷的蓼茎浸泡。

❹新莲藕如卷轴般环切成片，做成石笼状。焯水后泡入甜醋中。

❺防风的茎用醋稍微腌一下。

❻用毛马黄瓜制作凉拌刀拍黄瓜。

❼步骤❸的醋中加入葛粉，制作吉野醋，然后与步骤❷的蓼叶泥一起倒入碗中。

❽步骤❸的香鱼与❹❺❻一起装盘。

（译者注：石笼，在圆筒形铁丝网中充以石头而成，供护岸用。）

凉面

昆布水泡烤香鱼
　　手工素面、襄荷花、鸭儿芹结、山葵、香鱼风味汤底

❶香鱼去头尾，由背部切开，去除鱼骨。鱼头和鱼骨干烤后，与昆布水、浓口酱油、甜料酒一起熬汤。过滤之后，得到香鱼风味的汤底。

❷香鱼的鱼肉撒上一点点盐，然后稍加弯折，整条穿上铁扦烧烤。烤好后，浸入较浓的昆布水中。

❸襄荷花拆成一朵一朵的，放入味道较淡的甜醋中浸泡。

❹取5根焯过水的鸭儿芹打成结。

❺将手工素面的一端整齐扎好，下锅煮熟。

❻切去面条打结的一端，将面条盛入碗中。添加山葵和冷却的❶。用❷❸❹做装饰。

烧烤

芦苇烤香鱼包
　　醋泡莲藕、生姜嫩芽

❶香鱼去头尾，由背部切开，去除鱼骨。撒上一点点盐。

❷内脏放在铝箔上，小火烧烤，然后磨碎。

❸鱼骨晾干后用远火烤脆，然后磨成粉。

❹按照红味噌1、白味噌2的比例，制作田舍味噌。

❺将❷❸放入❹中搅拌均匀，然后填入香鱼腹中，用牙签封好。尾鳍抹盐，浅砂锅中铺上一层芦苇，然后放入香鱼烘烤。

❻另取小碟盛入醋泡花形莲藕和生姜嫩芽，搭配食用。

油炸物

油炸蓼泥面拖香鱼
鱼骨仙贝
　　蓼盐、酸橘

❶打开香鱼的鱼腹，取出鱼肠撒淡盐腌制。

❷香鱼内脏腌制品中加入❶混合均匀，然后加入挤干水分的卤豆腐，再用白味噌调味。

❸将香鱼拆解，切分出鱼肉。中骨上保留鱼头和鱼尾。

❹将中骨上的鱼头劈开，撒上淡盐风干，然后下锅用油炸至酥脆。

❺将步骤❸的鱼肉较厚部分展开，薄薄涂上一层❷，然后卷成鸣门卷。蛋黄面衣中加入蓼泥，做成绿色面衣。鸣门卷裹上绿色面衣下锅油炸。

❻蓼叶撕成碎片，放入微波炉烘干呈粉末状，然后与盐混合均匀。

❼步骤❺的鸣门卷与❹的油炸鱼骨一起装盘。调料碟中放入❻和酸橘。

黄盖鲽

割鲜

鲽鱼的两种冷鲜
鱼片
　独活丝和蓼醋
味噌、襄荷丝和
山葵、梅肉酱油

烧烤

花椒幽庵烤鲽鱼
　越瓜包紫苏腌
茄子、生姜嫩芽

油炸物

洋风油炸蛋黄裹鲽鱼
　油炸荷兰芹、芝士粉、盐、柠檬

拼盘

咸梅煮带子鲽鱼
　石川小芋头、烤万愿寺辣椒、生姜丝

黄盖鲽

大阪也会叫作赫氏黄盖鲽，很容易与真正的赫氏黄盖鲽混淆

　　鲽类仅仅在日本就有115种，从北海道南部开始的各地的沿岸地区一直到九州地区，鲽鱼被分为了北方系和南方系。大分县别府湾的日出城遗迹主城堡下方的海中出产的黄盖鲽也被叫作"城下鲽"，非常有名，因此黄盖鲽也可以说是南方系鲽鱼了。此外，在濑户内、明石、大阪也能捕获黄盖鲽，虽然味道不及城下鲽，但也非常美味了。这几个地方的人不知道为什么将黄盖鲽叫作"赫氏黄盖鲽"，但是请注意，叫作"赫氏黄盖鲽"的另有其鱼。和歌山和濑户内有时也能买到星鲽和石鲽，但在大阪还是以黄盖鲽为主。

　　叫作"赫氏黄盖鲽"的鲽鱼，广泛生活在日本海、朝鲜南部到中国东海海域，但这几个地方黄盖鲽却很少见，而到了太平洋海域则完全相反。赫氏黄盖鲽长眼睛的一侧呈茶褐色，上面长了不明显的白色斑点，而黄盖鲽既有长了茶褐色和土黄色斑点的，也有只长了茶褐色斑点的，也有纯色无斑点的。范围越广，争议也越大。但不管哪种都属于鲽鱼目鲽鱼亚目鲽鱼科的鱼类，实在是很难分辨。

　　现在甚至连路边小店提供的料理，也如同宴席料理一般以固定的料理居多，一个月都不换菜单的小店就更多了，因此遇到平时很难买到的鱼类就不知该怎么处理。这些不常见的鱼类即使出现在市场上，一般也卖不出去，默默地就被人们遗忘了，这样实在是太可惜了。

黄盖鲽

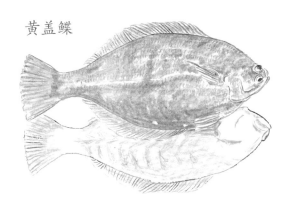

割鲜

鲽鱼的两种冷鲜鱼片
　　独活丝和蓼醋味噌、襄荷丝和山葵、梅肉酱油

❶鲽鱼的黑皮部分用开水冲洗后迅速用冷水冷却，切薄片，做成冷鲜鱼片。
❷鲽鱼的白皮部分去皮，片成薄薄的鱼片，做成冷鲜鱼片。
❸制作蓼泥。叶子前面的芽尖可以用作装饰，先取下来待用。
❹将❶配上独活丝和❸的芽尖一起装盘。❷配上襄荷丝装盘。
❺步骤❶的冷鲜鱼片搭配添加了蓼泥的醋味噌食用，步骤❷的冷鲜鱼片搭配山葵和梅肉酱油食用。

烧烤

花椒幽庵烤鲽鱼
　　越瓜包紫苏腌茄子、生姜嫩芽

❶将酒、淡口酱油、甜料酒混合。酱油渍花椒粒研碎加入其中，增加香气。
❷死后刚刚僵硬的黄盖鲽分割成 5 片，放入❶中浸泡 5 小时，然后用电风扇吹 3 小时。按照叶片形状切成一口大小的鱼片，穿上铁扦烧烤。腌制后的底料过滤去杂质，加入蛋黄和切碎的花椒嫩芽，调和成酱汁，刷在鱼片串上烧烤。
❸越瓜用穿孔钻去芯，撒淡盐去涩。然后用昆布包裹，使昆布鲜味渗透。越瓜去芯后留下的孔中塞入紫苏腌茄子，然后切圆片。
❹步骤❷的烤鱼片与❸搭配装盘，添加生姜嫩芽。

油炸物

洋风油炸蛋黄裹鲽鱼
　　油炸荷兰芹、芝士粉、盐、柠檬

❶绿色芦笋下锅煮熟，猪肉培根切条。
❷鲽鱼分割成 5 片，竖着切薄片，撒上淡盐和胡椒。
❸芦笋竖着切开，笋尖与笋根的朝向来回交替摆放。然后摆上几根培根条，用鲽鱼肉卷成八幡卷。
❹将❸蘸上蛋黄面衣后下锅油炸。切成一口大小，撒上芝士粉。
❺荷兰芹上撒上小麦粉，炸至酥脆。与❹一起装盘。柠檬和盐另取小碟盛放。

拼盘

咸梅煮带子鲽鱼
　　石川小芋头、烤万愿寺辣椒、生姜丝

❶石川小芋头仔细清洗，带皮煮熟后去皮。
❷万愿寺辣椒直接火烤，去除外层薄皮。切成合适的大小，用八方汁浸泡。
❸黄盖鲽分割成 5 片，将鱼肉较厚部分展开。然后裹入生姜丝和鱼子，用竹皮带扎紧。
❹鲽鱼的鱼杂烧烤后，与酒、昆布水一起炖汤。将鱼杂汤过滤，然后加入❶❸炖煮，用浓口酱油、甜料酒煮成甜口。咸梅干稍稍研碎，加入其中，煮至还有一点汤汁的时候收锅。
❺将❹装盘，添加❷和生姜丝。

8月
白州虾（芦苇虾）

油炸物

油炸白州虾卷
培根
　蒸南瓜、青
辣椒、香煎
虾盐

烧烤

海胆芝士烤白
州虾
　阿茶罗洋芹、
细叶芹

割鲜

焯水白州虾
　薯蓣条、萝卜苗、紫苏穗、山葵、
梅肉酱油

烧烤

梅肉酱烤白州虾
　阿茶罗新莲藕

醋肴

蛋黄醋佐白州虾
吉野醋佐油炸虾头
　土佐醋泡风干黑门越瓜干

白州虾（芦苇虾）

白州虾的虾壳很脆，非常适合油炸或者烧烤哦

随河川奔流而来的泥沙在内海堆积，形成小小的沙洲，沙洲上芦苇丛生。在这淡水与海水的交汇处，淡水鱼与海水鱼混居在一起。上古时代的大阪湾就是这样的一片海域，浅滩处船舶不可通行的标识也因此成了现在大阪市的市标。大阪人民将在这种白沙洲孵化成长的虾叫作"白州虾"，口语中再简化成"白州"，然而这种虾正确的名字应该是"芦苇虾"，这大概是因为芦苇虾喜欢栖息在沙洲的芦苇丛生处吧。

说到"白州"的话，那就一定会想到名奉行远山金审判罪人的那座铺了白沙的白洲。"州"本身也含有"白沙"的含义，白州虾虽然在日语中写作"白州"，但却不是大阪特有的虾，甚至有明海才是白州虾的主要产地。总之，白州虾的产量都不到对虾的3%，因而十分珍贵。白州虾的虾壳很脆，因此直接干炸后整个咀嚼吞下非常美味。连壳一起吃掉，不仅可以活动太阳穴，有助于大脑的运转，钙含量也非常丰富。唯一的缺点就是色泽没有对虾那么晶莹剔透。但是呢，坚定拥护白州虾的粉丝还是很多的，他们觉得"即使是外观漂亮价格不菲的对虾，也无法像白州虾天妇罗那样头尾都可以吃"。如果连着虾头虾壳一起吃的话，那肯定是白州虾略胜一筹。

白州虾裹上面衣下锅油炸再合适不过了，但是我最近还有新尝试。将虾壳烤脆，然后磨成粉，混在面衣中油炸，或者混在盐中调味。非常美味呢。

（译者注：奉行，日本武士执政时代的官名，奉命处理事务。镰仓幕府以后，用作衙门长官的官名。名奉行，即"有名的奉行"，同名侦探柯南的"名"。）

白州虾（芦苇虾）

油炸物

油炸白州虾卷培根
　　蒸南瓜、青辣椒、香煎虾盐

❶白州虾去头去尾，剥壳。虾肉开膛。
❷以培根条为芯，用❶卷起，并用牙签固定。
❸蛋清搅拌至不再黏稠。将❷抹上小麦粉，在蛋清中走一遍，然后撒上白色和绿色的熟糯米粉，最后放入180℃的色拉油中油炸。
❹南瓜（黑皮南瓜）沿着其纵向花纹切成合适的大小，撒上一点点盐，上锅蒸熟。切成1厘米厚的薄片，抹上小麦粉，放入180℃的色拉油中油炸。
❺青辣椒放入180℃的色拉油中油炸。
❻制作香煎虾盐。将白州虾的虾壳用远火烘烤干燥，然后用料理机打成粉末。将虾壳粉与炒过的黑芝麻和盐混合均匀。
❼将❸切成合适的大小，与❹❺一起装盘。然后添加❻。

烧烤

海胆芝士烤白州虾
　　阿茶罗洋芹、细叶芹

❶颗粒状海胆用滤网碾碎，溶入少量的煮切酒和蛋黄中。
❷白州虾从眼睛的位置开始切去前端，剥壳，背部划开，去除肠线。
❸将❷撒盐，然后用铁扦穿起，烤至香气四溢。烤制过程中，刷上融化的黄油和❶，撒上芝士粉继续烘烤。
❹容器中盛入❸，添加打结的阿茶罗洋芹和细叶芹。

割鲜

焯水白州虾
　　薯蓣条、萝卜苗、紫苏穗、山葵、梅肉酱油

❶摘去白州虾的虾头。
❷虾肉由尾部开始浸入开水中，虾尾完全变红，虾肉快速过一点开水，放入冰水中冷却，然后竖着切成两半。
❸薯蓣削成铅笔粗细、5厘米左右的长条。萝卜苗烫熟。
❹梅肉用滤网碾碎，溶入昆布水中。然后与浓口酱油混合，做成梅肉酱油。
❺将❷❸装盘，❹另用小碟盛放。步骤❶的白州虾的虾头撒盐烤制，将壳剥下，另外装盘食用。

烧烤

梅肉酱烤白州虾
　　阿茶罗新莲藕

❶用大豆酱油、酒、砂糖、甜料酒制作甜口的烤鱼用酱汁，并添加梅肉。
❷选取较大的白州虾，切去虾头前端，连着虾壳切开背部。按照烤龙虾的方式烧烤。烤熟后刷上❶烘烤。
❸竖着对半切开，添加阿茶罗新莲藕。

醋肴

蛋黄醋佐白州虾
吉野醋佐油炸虾头
　　土佐醋泡风干黑门越瓜干

❶摘去白州虾的虾头。虾肉撑直用铁扦穿好，放入盐水煮熟。剥去虾壳，尾壳也剥掉。
❷步骤❶摘下的虾头裹上淀粉，下锅油炸。
❸玉造黑门越瓜焯水，使其颜色愈加鲜艳，然后放入加了昆布的盐水中浸泡。去芯，削成螺旋形，风干，做成螺旋形越瓜干。
❹步骤❶的虾肉取3只堆放在一起，然后浇上添加了少量蛋黄酱的蛋黄醋。将❸切成合适的长度，用土佐醋清洗后装盘。步骤❷的虾头浇上吉野醋。

●黑门越瓜　大阪的玉造地区盛产的越瓜。

鲈鱼

碗物

清汤鲈鱼
　　裙带菜鱼肉
卷、无肋马尾
藻、绿色鸡冠
菜、黑胡椒

烧烤

毛豆酱烤鲈鱼
　　太白芝麻油、
醋味噌渍烤蘘荷

蒸物

蒸玉米夹心
鱼片
　大阪白菜、
绿紫苏、柠
檬醋

割鲜

鲈鱼的小型生鱼片
　方片独活、水前寺海苔、
白芋、四季萝卜、鳟鱼子、
蓼调味汁

鲈鱼

虽说夏季才是鲈鱼的旬，但是秋季的鲈鱼也很不错呢

夏天总想凉快点……放下竹帘的房间内，铺着榻榻米，立着冰柱，摇着团扇，大摆宴席。现在再难看见这样的风情了。当时宴席的酒菜固定会有鲈鱼的生鱼片、盐烤鲈鱼，或者香鱼、鲍鱼。

《古事记・平家物语》中据说也能看见"鲈"这个字。位于森之宫的难波宫遗迹附近据说也发掘出了大量的鲈鱼的鱼骨，说明茅渟之海（大阪府的古名）从很久以前就有吃鲈鱼的历史了。

鲈鱼在太平洋海域的多岩石地带孵化并过冬，到了春天就会进入内湾地区，夏天会顺着河海交汇处逆流而上，"捕获量太大都来不及扩大销路啊"，渔民不由得抱怨。"淀川的桥上都能钓到鲈鱼呢"，也有这样说的钓鱼人。过去人们也曾因为觉得"鲈鱼腥臭味很大"而对其敬而远之，但现在基本听不到对鲈鱼的差评了。黎明和黄昏时分寻找饵料的竹荚鱼和沙丁鱼是鲈鱼最喜欢的食物。因此要想钓鲈鱼，也最好选在这个时候。咬钩的鲈鱼心中暗道"糟糕"，跳出水面，摆动身体，突然变向，加速游动，左右摆头，想要解开鱼钩，这一系列举动被称为"鲈鱼的洗鳃"，因为这时候锋利的鳃盖切断鱼线的事情时有发生。这也是钓鲈鱼的乐趣所在啊。

虽说是内海，但水流速度依旧很快的濑户内和明石中捕获的鲈鱼很美味。到了秋天，返回大海的鲈鱼，在入冬前也很美味。有一种与鲈鱼很像的体形很大的平鲈鱼，这种鱼到了冬天味道也与鲈鱼很像，非常美味。

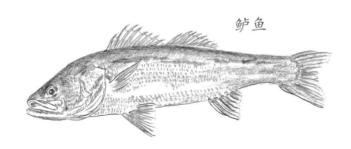

鲈鱼

碗物

清汤鲈鱼
　　裙带菜鱼肉卷、无肋马尾藻、绿色鸡冠菜、黑胡椒

❶裙带菜干用水泡发，煮至柔软，切小块。
❷鲈鱼分割成 3 片，撒食盐。
❸鲈鱼的鱼杂抹重盐，腌制 6 小时以上。
❹昆布浸入水中，泡发后的水备用。
❺肉泥中放入昆布水、澄粉、蛋清，打至柔软。
❻步骤❸的鱼杂用水清洗，洗去多余盐分，放入❹中，文火慢炖。将鱼杂捞出，剔下鱼肉，与❶一起，放入❺中混合，揉制成直径 4 厘米的棒状。
❼步骤❷的鲈鱼去皮，然后切成厚 1 厘米的鱼片后，卷起❻。再用保鲜膜包起来上锅蒸熟。切分后，再去除保鲜膜。
❽无肋马尾藻和绿色鸡冠菜用水泡发。切成合适的大小。
❾将❼盛入碗中，添加❽。步骤❻的鱼汤用酒和盐调味后，注入碗中。

烧烤

毛豆酱烤鲈鱼
　　太白芝麻油、醋味噌渍烤襄荷

❶鲈鱼分割成 3 片，撒食盐。
❷毛豆荚煮熟后剥出毛豆，剁碎后再磨成泥。田舍味噌用酒稀释至不再黏稠，加入少量蛋黄，用绿色蔬菜汁染成绿色。
❸取出鲈鱼腹部的脂肪，放入平底锅，用太白芝麻油煎炸。
❹将❶斜切成片，穿成串烤制。用毛刷刷上❸，烤至焦黄。然后再浇上❷继续烘焙。
❺襄荷花竖着切开，用铁扦穿上烧烤，然后浸入稀释的醋味噌中。
❻盘中盛入❹，添加❺。

（译者注：太白芝麻油，未经烘焙、直接榨取的芝麻油。一般的芝麻油是先将芝麻高温烘焙后再榨油，这种芝麻油香气更加浓郁。）

蒸物

蒸玉米夹心鱼片
　　大阪白菜、绿紫苏、柠檬醋

❶鲈鱼分割成 3 片，撒食盐。
❷鱼头、中骨等鱼杂及鱼皮部分撒盐蒸熟。剔下鱼肉，蒸出来的汤汁备用。
❸卤豆腐挤去多余水分，用滤网碾碎，加入蛋清、少量步骤❷的汤汁，用玉米淀粉融合。加入步骤❷的鱼肉混合均匀。
❹生玉米粒用料理机打碎，用滤网过滤。蛋黄和玉米淀粉调和成黏稠的液体状，撒淡盐调味。
❺将❶切成扁平的、较大的鱼片。鱼片中间包入❸，上锅蒸。蒸至七分熟时，再放上❹继续蒸到最后。
❻将大阪白菜的叶片与茎分离，焯水。菜茎切细条，然后用菜叶裹住，浸入汤汁中。
❼温热的容器中盛入❺，步骤❺蒸出来的汤汁加热后注入容器中。添加❻和绿紫苏。另取小碟盛入添加了辣椒的柠檬醋。

割鲜

鲈鱼的小型生鱼片
　　方片独活、水前寺海苔、白芋、四季萝卜、鳟鱼子、蓼调味汁

❶鲈鱼分割成 3 片，取出鱼骨、鱼皮。鱼肉斜切成 3 厘米左右的方形鱼片，用冷水冷却，做成冷鲜鱼片。
❷独活切成方形薄片。水前寺海苔、白芋、四季萝卜等切片。
❸将❶❷混合装盘，撒上咸鳟鱼子。酸橘调味汁中溶入蓼泥，做成蓼调味汁，浇在❶❷上。用蓼芽做装饰。

对虾

烧烤

唐墨烤对虾
　白味噌腌萝
卜、防风

割鲜

焯水对虾刺身
　豆腐皮、滨纳
豆酱、山葵、鸭
儿芹

油炸物

油炸虾肉泥裹对虾
　柿子椒裹虾肉泥、海青菜盐

煮物

萝卜泥煮对虾
　夏萝卜细条、细叶芹、胡椒

对虾

在大阪，使用对虾作为天妇罗食材的店变多了

很久以前的江户，由街头的移动式售货摊点起源的天妇罗在大获好评后，最终开始频繁进出大名的宅邸，由此也出现了专门去大名宅邸制作天妇罗的职业，到了明治时期已经有了天妇罗的专营店，天妇罗也从街头小吃一跃成为高级料理。到了这里，天妇罗也不再是一开始的类似于小吃一样的外卖便餐，制作天妇罗也是一份体面的工作了。"天妇罗的食材一定要是东京湾捕捉的新鲜鱼类。"由此，康吉鳗、雌鲉、对虾也都用作了天妇罗的食材。确实，对虾身材虽小，但肉质紧致，既美味又美观呢。

但是，用作天妇罗食材的虾类非常多，除了对虾还有脊腹褐虾、基围虾、白州虾、短沟对虾等。特别喜欢白州虾的大阪人，会因为一家店的天妇罗用的是白州虾而成为这家店的粉丝。即使是这种氛围的大阪，最近使用对虾作为天妇罗食材的店变多了。这种变化的原因我想了很多，大阪附近的天然对虾有来自和歌山、三重县、淡路等地的，更远的还有来自九州的，虽然产地不同味道也不尽相同，但不管怎么样都非常美味啊！

对虾栖息在距离本州沿岸 100 米左右海域的泥沙中，属于对虾科对虾属，颜色随着体形大小、产地的不同多少会有点不一样，但基本都是淡褐色底色中夹杂着青白色或栗色的条纹，虾尾卷曲起来看起来就像车轮，加热后就变成了漂亮的红色。即使只用盐水煮也非常好吃。对虾的重量能达到 70~80 克的话，一只就可以做成一人份的刺身了，但需要注意的是，虾壳与虾肉之间的黏液吃多了可能会中毒。去壳后，迅速从开水中走一遍然后用冷水冷却，就可以避免这种风险了，并且颜色也很漂亮，虾肉的甜味也出来了。

对虾

烧烤

唐墨烤对虾
　白味噌腌萝卜、防风

❶唐墨去除外层薄皮，放入冰箱干燥，然后用擦菜板擦成泥。
❷重40克的对虾从头部开始向背部切开，撒上淡盐，穿上铁扦烧烤。
❸保留虾足和尾鳍，去壳。虾肉薄薄涂上一层黄色蛋黄酱，然后用❶涂满整只虾，继续烘烤。
❹带叶的绿萝卜的绿色部分用加了酒、甜料酒、芥末的白味噌腌制。

(译者注：唐墨，腌的干鱼子。将鲻鱼、鲅鱼等的卵巢腌制后，再经加压、干燥后制成的食品。因形似中国墨而得名。)

割鲜

焯水对虾刺身
　豆腐皮、滨纳豆酱、山葵、鸭儿芹

❶重40克的对虾只保留尾鳍，剥去虾壳，去除肠线。首先将尾鳍放入开水，焯至变色，然后整只虾迅速过一遍开水，用冷水冷却。
❷滨纳豆洒上煮切酒，待纳豆变柔软，将其研碎，然后用滤网研细。加入浓口酱油、煮切酒、昆布粉、甜料酒调味。
❸步骤❶的虾肉添加豆腐皮、山葵装盘，❷另取小碟盛放。

(译者注：滨纳豆，滨纳豆在制作过程中使用的是米曲霉，而一般的纳豆在制作过程中使用的是纳豆细菌。滨纳豆类似于中国的豆豉。)

油炸物

油炸虾肉泥裹对虾
　柿子椒裹虾肉泥、海青菜盐

❶用对虾和基围虾制作肉糜。百合根焯水后切丁，与肉糜混合均匀。
❷柿子椒竖着切出刀口，取出辣椒籽。撒上淀粉，塞入❶。
❸重40克的对虾，从眼睛处切去前端，去壳，从脊背切开。撒上淀粉，脊背开口处涂上同等重量的❶，然后只在肉糜上撒上熟糯米粉。将其与❷一起下锅油炸。装盘。
❹搭配海青菜盐食用。

煮物

萝卜泥煮对虾
　夏萝卜细条、细叶芹、胡椒

❶夏萝卜如同卷轴般环切成一长片，然后切成细条状细丝。另取夏萝卜磨成萝卜泥。
❷夏萝卜叶片的柔软部分与❶的萝卜细条一起放入昆布水中煮熟。煮后的汤汁留待备用。
❸培根斜切成细条，放入锅中，用少量的橄榄油翻炒后取出。
❹重80克左右的对虾切去虾头，虾头与虾身都由背部切开。分别撒盐和胡椒，裹上淀粉。放入步骤❸沾了培根香气的橄榄油中翻炒。取出虾肉，剥去虾壳。
❺只剩虾头的锅中放入步骤❸的培根。倒入步骤❷的汤汁，使对虾的香气渗透进汤汁中。取出虾头和培根，放入步骤❷的夏萝卜的细条和叶片，用盐和胡椒调味后，立刻捞出。
❻锅中剩下的汤汁中，放入步骤❶的萝卜泥煮沸。
❼温热的容器中盛入❹，配上步骤❺的夏萝卜，注入❻。

鲍鱼

割鲜

贝壳盛鲍鱼切片
　细黄瓜、带花
乳黄瓜、蓼醋味
噌

冷菜

鲍鱼泥汤脍
　秋葵、山葵醋

拼盘

大豆煮鲍鱼
　毛豆泥

烧烤

黄油酱油烤鲍鱼
　内脏调制的酱汁、芦笋、水芹

下酒菜

双色煎鲍鱼
　花椒嫩芽、松子

鲍鱼

雄贝与雌贝的区别与雄雌无关

　　鲍鱼属于耳贝科，这里的耳贝貌似是指其贝壳的形状像耳朵。鲍鱼的贝壳呈浅口的椭圆形，贝壳较薄部分排列着有规律的突起，到了第四个突起往后，上面都有孔洞。海水可经由这些孔洞自由流动，鲍鱼的排泄物也由此排出。一般叫作雄贝的是黑鲍，也有叫作雌贝的鲍鱼，这里的雄贝雌贝是品种的分类，而不是性别的分类。产自北海道的黑鲍中有一种虾夷鲍，个头较小，贝壳非常不平整，但味道上等。有一种偏圆形的眼高鲍，同样肉质柔软，适合水煮。传说秦始皇派徐福前往东海（日本）寻找的长生不老药，可能就是鲍鱼或者海参。

　　日本也会将干贝压成薄片用作供品，甚至还会动用熨斗，但现在主要还是生吃，提起生贝、水贝，其实指的都是鲍鱼。切成方块的雄贝就着冷盐水生吃，所感受到的清凉感与海岸的香气是一种莫大的享受。鲍鱼以裙带菜、昆布、黑昆布、腔昆布、马尾藻等海藻为食，这种香气是不是也是因此产生的呢？

鲍鱼

割鲜

贝壳盛鲍鱼切片
　细黄瓜、带花乳黄瓜、蓼醋味噌

❶鲍鱼切成 1 厘米厚度的片状，内脏焯水。
❷按照米醋 1、昆布水 1、淡口酱油 1、甜料酒 0.5 的比例混合以上材料，然后稍微加一点白味噌勾芡。

❸嫩黄瓜的表皮用开水冲洗使其颜色更加鲜艳，然后浸入盐水中。准备带花的乳黄瓜。
❹冷却的深口盘子中铺一层碎冰块，然后撒盐。将鲍鱼的贝壳放在冰上固定好，盛入步骤❸的蔬菜。步骤❶的鲍鱼片整齐摆好，然后添加内脏。
❺蓼叶用料理机打成泥，加入❷中，制作成绿色醋味噌，用小碟盛放。

冷菜

鲍鱼泥汤脍
　秋葵、山葵醋

❶按较浓的昆布水 1.5、米醋 1、淡口酱油 1、甜料酒 0.5 的比例混合以上材料，洒上几滴柠檬汁，加一点金枪鱼干，静置一晚后过滤。
❷水培山荵菜洗净待用。
❸秋葵用盐洗去表面茸毛后，用开水冲洗使颜色更加鲜艳，然后切成小块。莼菜也用开水冲洗，使颜色更加鲜艳。
❹活的雄贝鲍鱼用盐洗去黑色杂质，切下鳍肉。在砧板上猛烈敲打使肉质紧致，然后用擦菜板擦成泥。肉泥溶入昆布水中，用盐和少量淡口酱油淡淡调味。
❺冷却的玻璃小碗中倒入❹，装饰上❸。然后注入❶，放入水培山葵。

拼盘

大豆煮鲍鱼
　毛豆泥

❶鹤子大豆清洗后，与昆布一起放入锅中，用水浸泡一夜。捞出昆布，点火将大豆煮软。煮不烂的话可以加一点碱。
❷雌贝鲍鱼连壳用萝卜泥清洗。锅中放入切圆片的萝卜、昆布，用文火慢炖。捞出鲍鱼，去壳、去内脏、去泥沙。鲍鱼与❶（不要放入萝卜）混合，汤汁也混合，继续炖煮，将汤汁熬干。用酒、浓口酱油、少量砂糖调整口味。文火慢炖，将食材炖烂。
❸毛豆用盐水煮熟，剥出豆米，留下 1/3，剩下的用滤网碾碎后，加入步骤❷的汤汁中调成糊状。
❹鲍鱼切片，与大豆一起装盘，浇上❸，然后装饰上毛豆米。

（译者注：鹤子大豆，北海道南部生产的一种高级大豆，颗粒饱满，蔗糖含量高，是最适合炖煮的一种大豆。）

烧烤

黄油酱油烤鲍鱼
　内脏调制的酱汁、芦笋、水芹

❶鲍鱼用萝卜泥清洗去杂质。撒上胡椒盐静置。
❷直接将生内脏用滤网碾碎，加入蛋黄、焦化黄油、焦化酱油，制作酱汁。
❸鲍鱼用橄榄油烤至七分熟，涂上融化的黄油和浓口酱油，继续烤至焦黄，然后切片。
❹芦笋放入牛奶中，加盐煮熟后捞出。冷却后再次浸入冷掉的汤汁中。
❺温热的盘子中盛入❸，浇上❷。然后用温热的❹和水芹做装饰。

下酒菜

双色煎鲍鱼
　花椒嫩芽、松子

❶大德寺纳豆浸入酒中，然后滤网碾碎。
❷毛豆煮熟，剥出豆米，磨成泥，用盐和甜料酒调味。
❸雌贝鲍鱼洗净，直接将生内脏用滤网碾碎，与❶混合均匀，添加少量甜料酒。
❹鲍鱼按一人 6 片切片。用酒煎烤，然后 3 片为一份，分别裹上❷与❸的酱料。
❺用香煎松子和步骤❷预留下的毛豆米做装饰。

赤点石斑鱼

蒸物

香油蒸赤点石斑鱼头
　葱白丝、襄荷丝、紫苏丝、辣椒丝

割鲜

赤点石斑鱼的冷缩鱼片与生鱼丝
　莲藕、紫苏花穗、大叶紫苏、山葵、梅肉蘸料、酱油

拼盘

咸梅干煮赤点石斑鱼
　　大叶百合根、萝卜苗、生姜丝、梅肉

赤点石斑鱼

赤点石斑鱼是一种味道不因季节变化而变化的高级鱼

　　赤点石斑鱼与七带石斑鱼、云纹石斑鱼一样属于鲈鱼目石斑鱼科。在大阪，赤点石斑鱼一般夏季是旬，但是赤点石斑鱼与冬季是旬的云纹石斑鱼同属一类鱼，所以可以说是一年四季味道差异都不大的鱼类了。

　　赤点石斑鱼身体呈红褐色，体侧密布与眼珠子等大的深色斑点。肉质紧致，与河豚一样做成薄切生鱼片非常不错。做生鱼片最好使用死后刚刚开始僵硬的赤点石斑鱼，味道更好。死后刚刚开始僵硬时，撒上一点若有若无的淡盐，用脱水薄膜包裹两小时，口感和味道都会变得更好。各种蔬菜切丝，与薄切生鱼片混合在一起，洒上和风调味汁，做成沙拉是现在的常见做法，但还是不如做成冷鲜生鱼片后蘸着梅肉酱油食用，那味道简直太鲜美了。并且，赤点石斑鱼的胶原蛋白含量十分丰富，将鱼头和中骨熬汤，做成汤菜也非常美味。赤点石斑鱼可以说是无缺点的上品鱼类，就连做成西式的清炖鱼汤也非常不错。

赤点石斑鱼

蒸物

香油蒸赤点石斑鱼头
　　葱白丝、蘘荷丝、紫苏丝、辣椒丝

❶一番汁和浓口酱油、大豆酱油、甜料酒按照60：7：3：5 的比例混合。
❷大蒜与培根切薄片，用太白芝麻油翻炒，使香味渗透进油中。将此油用作起香的油。
❸赤点石斑鱼的鱼头焯热水后，迅速用冷水冷却，刮去鱼鳞。撒上淡盐，静置两小时。
❹平底锅中倒入❷预热，然后放入❸煸炒。
❺煸炒后的❹洒一点酒，然后盖上锅盖焖烧。汤汁中加入❶❷调整口味，然后大火烧开。
❻容器中盛入❺，然后添加葱白丝、蘘荷丝、紫苏丝、辣椒丝。

割鲜

赤点石斑鱼的冷缩鱼片与生鱼丝
　　莲藕、紫苏花穗、大叶紫苏、山葵、梅肉蘸料、酱油

❶赤点石斑鱼分割成 3 片，去除腹骨。
❷步骤❶的一部分鱼肉，用开水冲洗鱼皮，刮去残余的鳞片，然后斜切成片。用热水焯过后迅速放入冰水中冷却，做成冷缩鱼片。
❸步骤❶的一部分鱼肉，做成生鱼丝。
❹将莲藕切成薄片，热水焯一下，然后浸入味道清淡的甜醋中。
❺制作梅肉蘸料。梅肉中加入米汤混合均匀。
❻容器中盛入❷❸❹。鱼肉丝底部放上切丝的大叶紫苏。
❼添加紫苏花穗和山葵泥。❺与酱油分别盛入小碟。

拼盘

咸梅干煮赤点石斑鱼
　　大叶百合根、萝卜苗、生姜丝、梅肉

❶分割成 3 片的赤点石斑鱼切块，鱼块上用刀划"十"字后，用竹扦穿起来放入热水焯一下再用冷水冷却，然后撒淡盐静置。裹上薄薄一层淀粉下锅油炸后，再从开水中过一遍去除多余油分。酒、二番汁、淡口酱油、砂糖中再放入咸梅干熬煮。
❷大叶百合根用八方汁炖煮。
❸萝卜苗焯水后，浸入八方汁中。
❹容器中盛入❶❷❸。咸梅干切成条，生姜丝切成末，然后一起装盘。

143

9月
赤魟

割鲜

赤魟的焯水生
鱼片和鱼肝
花乌贼
　　胡萝卜、小
葱、大葱、粒
粒醋味噌

烧烤

芝麻油煎赤魟
　　蒜香味噌酱
石川小芋头、
生姜嫩芽

拼盘

赤魟鱼汤
　花形莲藕、豌豆角、葱丝、生姜泥

赤魟

使用赤魟活鱼做料理的话不可避免会有种独特的气味

魟鱼除了赤魟外，还有古氏新魟、褐黄扁魟等，不论哪种的长相与颜色都很怪异，一看就不觉得好吃。这里使用的赤魟，尾巴比身体还要长，并且尾巴上还长着两三根毒刺，有的是用于自我保护的，有的是用于攻击敌人的，作用不一。要是被这种毒刺扎到，会剧痛不已，手臂都无法活动，有时甚至会危及性命，这一点一定要注意！据说在过去，人们还曾使用这种毒刺作为武器呢。

栖息在日本近海的魟目赤魟科赤魟属的鱼大约有 8 种。冬季生活在浅海，5 月到 8 月，雌鱼在体内孵化鱼苗，一次可以产出 10 尾左右的小鱼，大小约为 10 厘米。成鱼会被底拖网和刺网捕获，送上餐桌，但是第一个尝试吃这么奇怪的鱼的到底是什么样的神人啊？真是勇气满满！

尝了之后，味道也绝对不能算是上品，但确实有其独特的美味。也有嫌弃魟鱼腥味重的人，因为魟鱼与鲨鱼一样，泌尿器官不发达，一旦死亡，尿素就会在体内转变成氨，使用活鱼做料理的话就可以避免这种气味。鱼骨都是软骨，很容易咬断食用。柔软的肝脏酌情撒上盐焯水后食用，也很美味。焯水后的肝脏通过煸炒，炒出鱼肝油，与豆腐渣一起煮特别好吃。晚秋到冬季，热腾腾的米饭上面盖上赤魟的鱼冻做成盖饭，真的是无上美味。

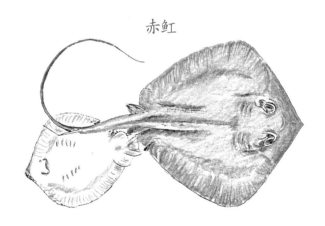

赤魟

割鲜

赤魟的焯水生鱼片和鱼肝
花乌贼
　胡萝卜、小葱、大葱、粒粒醋味噌

❶切去赤魟带毒的尾巴。

❷将❶按照鲽鱼的切法，分割成 5 片。鱼身上半面沿着背骨，切成 2 片，同样地，下半面也切成 2 片。分别焯热水，然后用冷水冷却。肝脏取出待用。

❸步骤❷的赤魟的鱼肉焯水后用冷水冷却，剥去薄皮。切成细条后，再次焯水，用冷水冷却。

❹步骤❷的肝脏焯水，用冷水冷却，切成方便食用的大小。

❺乌贼做好预先处理，然后竖着入刀，斜切成片。焯热水，用冷水冷却。

❻胡萝卜和小葱、大葱分别切丝。

❼制作粒粒醋味噌。赤魟的软骨煮熟后切成末，襄荷也切成末，然后一起放入芥末醋味噌中混合均匀。

❽盘中盛入❸❹❺❻，❼另用小碟盛放。

烧烤

芝麻油煎赤魟
　蒜香味噌酱石川小芋头、生姜嫩芽

❶赤魟切块，焯热水后迅速用冷水冷却，剥去薄皮。撒淡盐腌制两小时，然后洒点酒上锅蒸熟，待鱼肉稍稍冷却，裹上淀粉，过程中注意不要将鱼肉弄散。煎锅中倒入太白芝麻油，煎鱼块。

❷去皮的芋头，放入步骤❶的煎锅中翻炒。

❸大蒜和赤魟的鱼杂用太白芝麻油煸炒，使食材染上芝麻油的香气。

❹白味噌和田舍味噌按照 7:3 的比例混合均匀，用步骤❶的油炒制。然后加入赤魟汤、蛋黄搅拌熬煮至黏稠状。

❺罗勒和菠菜放入料理机中打成泥。然后加入❹中，增加香气，改变颜色。

❻将❶❷一起装盘，浇上一点❺，添加生姜嫩芽。

拼盘

赤魟鱼汤
　花形莲藕、豌豆角、葱丝、生姜泥

❶切去赤魟的尾巴，取出鱼骨，鱼肉切块，焯水后迅速用冷水冷却。剥去薄皮。

❷将❶加入生姜丝、酒、浓口酱油、淡口酱油、甜料酒一起炖煮一小时。然后就这样静置一晚，上菜之前再重新加热。

❸新莲藕削成花的形状，切成 5 毫米厚的藕片。先水煮一遍后，再用八方汁炖煮。

❹豌豆角切丝，焯水后再用八方汁炖煮。

❺容器中盛入❷❸❹，撒上葱丝，添加生姜泥。

刺鲳

割鲜

刺鲳薯蓣寿司
薯蓣丝、防风

拼盘

毛豆泥酱佐炖煮
油炸刺鲳和小
芋头
秋葵、香橙丝

蒸物

豆腐蒸刺鲳
　鱼汤柠檬醋、
香辛料

烧烤

土豆泥烤刺鲳
　洋芹、洋葱

刺鲳

口感嫩滑有弹性，借用"是れぞ魚"（就是这条鱼了）这句话的字，所以叫作"鱼是"

刺鲳在大阪被叫作"鱼是"，也叫作"鲳是"，这个名字是音译汉字演变来的。不同的地区叫法不同，也有叫"刺是""马鹿"等名字的，实际上本名叫作"刺鲳"。刺鲳属于银鲳科鱼类，身体呈银色，鼻子周围呈白色，这一点确实与银鲳很像。

虽说"西海没有鲑鱼，东海没有鲳鱼"，但是刺鲳却生活在东边以及东北南部附近，味道也比银鲳要好。为什么却叫作"刺鲳"呢？明明也没有长得满脸是刺啊！据说经过仔细寻找，会发现刺鲳在胸鳍附近长有突起的小刺，也不知道是真是假。大阪的称呼"鱼是"据说来自"就是这条鱼了"。我觉得"鱼是"两个字就是这么来的。但这个猜想也未经证实罢了。刺鲳鱼肉呈白色，表皮是闪闪发光的银色，据说刺鲳以前在寿司店可是大放光彩的高级鱼呢。

相关书目记载，刺鲳从幼鱼到小鱼都附着在海月水母和口冠海蜇上，以水母、海蜇、甲壳类生物为食。成长为成鱼后以大型浮游生物为食，能长到 20 厘米左右大小，寿命约为 4~5 年。

如果在鱼店门前看见挂着黏稠的黏液、看起来很不新鲜的刺鲳的话，一定要买下来，因为正是这样的特征才是新鲜的证据。盐烤、照烧、干烧自不用说，油炸或者用盐腌制一晚后风干，特别美味。体形较大的刺鲳做成生鱼片也非常不错。即使是死后僵硬的刺鲳，也可以在肉质变松之前，撒淡盐，用脱水薄膜包裹两小时，然后做成生鱼片，口感嫩滑有弹性，吃起来像是另一种鱼了。或者用酸橘汁清洗后，做成握寿司也别有一番滋味。

刺鲳

割鲜

刺鲼薯蓣寿司
　薯蓣丝、防风

❶刺鲼分割成 3 片，撒淡盐脱水后，浸入醋中。
❷基围虾焯水后剥壳，磨成泥。
❸佛掌薯蓣剥皮，清蒸，用滤网碾碎。佛掌薯蓣和
❷按照 6:4 的比例混合，加盐、砂糖、醋，做成薯
蓣泥寿司饭。
❹薯蓣切丝，用八方醋浸泡。
❺将❶用昆布包裹，使昆布鲜味渗透。鱼肉带皮一
侧竖着用刀切出刀口。用鱼肉包裹❸，冷却后捏成
寿司。搭配昆布条一起装盘，添加❹。

拼盘

毛豆泥酱佐炖煮油炸刺鲼和小芋头
　秋葵、香橙丝

❶刺鲼分割成 3 片，去除腹骨、小刺，鱼皮向下平
放。鱼身较厚部分削平，切成长方形。
❷利用鳃盖和中骨以外的软骨、边角料等制作肉
泥。与其他白身鱼的肉泥混合，然后加入少量薯蓣
泥、蛋清、澄粉，搅拌均匀。放入焯过水的百合
根、木耳，用鱼肉卷起来，带皮一侧切出刀口，用
牙签固定。撒上薄薄一层淀粉下锅油炸，然后再用
开水焯去多余油分。用鱼汤、淡口酱油、甜料酒和
酒煮鱼卷。
❸八方汁煮小芋头，用油炸后，再用开水焯去多余
油分。煮芋头的汤汁备用。
❹毛豆煮烂，然后研磨成泥，加入步骤❸的汤汁、
盐、淡口酱油、砂糖，做成毛豆泥酱。
❺另用一个锅放入❷加热后盛入碗中，添加❸、❹
加热后浇入其中。顶部放上用八方汁浸泡的秋葵、
香橙丝。

蒸物

豆腐蒸刺鲼
　鱼汤柠檬醋、香辛料

❶稍硬的嫩豆腐挤去水分。加入少量澄粉、蛋清搅
拌成糊状，撒淡盐调味。
❷生香菇切薄片，茼蒿切成大约半寸长。
❸刺鲼分割成 3 片，腹部的鱼胃部分切除，鱼皮部
分划刀口，撒淡盐。
❹筒状的模具中铺上一层保鲜膜，然后鱼皮朝外，
贴着筒壁放置。步骤❶的豆腐糊中加入❷，以及切
碎的刺鲼边角料，塞入筒中，上锅蒸熟。
❺将鱼卷从模具中取出，盛入碗中，周围撒上切碎
的高等葱。利用步骤❹蒸出来的汤汁调制柠檬醋，
倒入碗中。顶部放上辣萝卜泥和葱白丝。

烧烤

土豆泥烤刺鲼
　洋芹、洋葱

❶培根和洋葱一起煸炒，炒过后的油再继续炒土
豆，制作成土豆泥。然后加入炒过的培根和洋葱、
荷兰芹，制作成土豆沙拉。
❷刺鲼保留头尾，从背部切开，取出腹骨、小刺，
抹上食盐。
❸等❷的食盐渗透进去，塞入❶，调整形状。用牙
签固定，使尾巴竖起来，并用铝箔包好，使其不被
烤焦。
❹两侧鱼腹划上深深的"十"字，涂上融化的黄
油，放入烤箱烤制。黄色蛋黄酱中加入切碎的荷兰
芹，涂在鱼身上，用松子做装饰，继续烘烤。
❺洋芹和洋葱片放入加了干辣椒的甜醋中浸泡。
❻容器中盛入❹，添加❺。

10月
秋海鳗

割鲜

海鳗觉弥酱菜脍
海鳗薯蓣泥
　石耳、菊花、
珊瑚菜、山葵
菜、橙汁酱油

汤脍

秋海鳗汤脍
　薯蓣丝、青海
苔粉、山葵菜泥

下酒菜

海鳗皮的海胆烧
萝卜苗鱼肉汤
鱼骨仙贝

饭（一人份套盒）

烤海鳗饭
　鸡蛋丝、烤松口蘑和焯水茼蒿、海鳗生鱼丝、山药菜

烧烤

鱼白酱烤海鳗
　柿子椒、甜醋渍囊荷

秋海鳗

"秋海鳗才是最好吃的海鳗" 这绝不是嘴硬

有一段描写海鳗的话："……比兵库出产的要高级，但比不上尼崎的。带点金色的是最好的……"这是从德川时代的宽政七年（1795）出版的《海鳗百珍》（刊载了100道海鳗料理的料理书）的前言中摘选的。海鳗的那一排锋利的牙齿一般叫作"犬牙"，被它咬上一口可是要出大事的，其凶猛程度连渔民都害怕。

海鳗料理原来是关西地区的料理，当时在日本并没有那么受欢迎。然而到了现在却大受追捧，夏天不管去到哪里，都能吃到海鳗料理。因为数量不足，日本甚至要从韩国等国家大量进口海鳗。

海鳗的产卵期是从5月到8月，时间跨度比较长。早早结束产卵的海鳗恢复后，就是大阪人最喜欢的秋海鳗了，不仅可以与初秋的山货一起料理，价格也很便宜呢。"秋海鳗才是最好吃的海鳗！"这可不是嘴硬。俳句"鱧を叩く音は隣が菊の花"（隔壁传来刀剁海鳗的声音，又到菊花盛开的时节了）中描述的人物，就是江户时代的船商老板（俳名·大江丸）。由此可见，这个人也喜欢菊花盛开时节的海鳗，即秋海鳗。

海鳗是以虾、蟹、乌贼、章鱼为食的美食家。与其长相严重不符的上品味道，其原因可能也在于此吧。鱼身切开后，先用出刃刀的刀背敲软，再削去鱼刺，然后可以做成生鱼片、鱼肉什锦汤、汤脍、筒状鱼卷、鱼糕等。

（译者注：出刃刀，日式菜刀的一种，刀刃宽，刀背厚，前端呈尖状，适合分解鱼类。）

秋海鳗

割鲜

海鳗觉弥酱菜脍
海鳗薯蓣泥
　石耳、菊花、珊瑚菜、山葵菜、橙汁酱油

海鳗觉弥酱菜脍
❶海鳗切开，去皮，切成薄块，覆上和纸后撒淡盐。
❷将❶放在白板昆布上，将其压展成1厘米左右的厚度。撒上泽庵咸萝卜丁，再放上白板昆布，静置两小时。

海鳗薯蓣泥
❶海鳗平放，与之前一样切分，覆上和纸后撒淡盐。然后用昆布包裹两小时后，切分成一口的大小。
❷将切碎的薯蓣泥放在❶上面。

结束
❶容器中盛入海鳗觉弥酱菜脍和海鳗薯蓣泥。搭配焯水后炖汤的石耳、珊瑚菜、菊花，添加山葵菜泥。
❷加了香橙汁的刺身酱油另用小碟盛放。

汤脍

秋海鳗汤脍
　薯蓣丝、青海苔粉、山葵菜泥

❶海鳗展开，用出刃刀的刀背敲击鱼身，使其柔软，用勺子从鱼皮上刮下鱼肉。仔细清除小刺。
❷将❶用研钵研碎，加入昆布水和蛋黄稀释，稍稍调味，放入冰箱冷却。
❸将薯蓣切成素面状，用盐水浸泡。
❹煮切酒中溶入山葵菜泥，往❸中稍微滴两滴。
❺冷却的容器中盛入❸，注入❷，撒上青海苔粉。
●死后刚刚僵硬的海鳗，不仅鱼肉容易刮取，味道也非常好。

下酒菜

海鳗皮的海胆烧
萝卜苗鱼肉汤
鱼骨仙贝

海鳗皮的海胆烧
❶海鳗展开，去除鱼骨，从鱼皮上刮下鱼肉。
❷使用刮去鱼肉的鱼皮。鱼皮上还沾着夹杂着鱼刺的鱼肉，用昆布水炖煮后，剔除小刺，将食材分为鱼皮、鱼肉、鱼汤三部分。
❸将鱼皮按照鳗鱼的八幡卷的样式，用牛蒡卷起来，做成海胆烧。

萝卜苗鱼肉汤
❶刮下来的鱼肉去除水分，磨成泥，与研碎的芝麻混合。
❷之前煮鱼皮时的鱼汤加入❶中，用砂糖、盐、淡口酱油调味，做成汤底。加入焯水的萝卜苗，一起盛入碗中。顶部撒上松子。

鱼骨仙贝
❶用海鳗薄薄的腹骨，制作鱼骨仙贝。

饭（一人份套盒）

烤海鳗饭
　鸡蛋丝、烤松口蘑和焯水茼蒿、海鳗生鱼丝、山葵菜

❶用烤鱼作料汁（大豆酱油、浓口酱油、甜料酒、砂糖、酒混合后煮开）烤海鳗的鱼骨。烤好后直接放入作料汁中再次煮开。
❷制作鸡蛋丝。
❸海鳗去鱼刺，用步骤❶的作料汁烧烤后切碎。
❹温热的陶制套盒中盛入米饭。米饭表面一半放上❸，并且蘸满作料汁，撒上花椒粉。剩下的一半放上鸡蛋丝。
❺套盒的上段放入海鳗的生鱼丝，中段放入烤松口蘑和香橙风味焯水茼蒿。

烧烤

鱼白酱烤海鳗
　柿子椒、甜醋渍蘘荷

❶海鳗去除小刺，撒上淡盐静置。
❷海鳗的鱼白的量特别少，因此夏天就要提前用盐腌好贮藏。鱼白放入水中，去除多余盐分。焯水后，用滤网碾碎。用白味噌调味，用淀粉和蛋清搅拌均匀。
❸海鳗用火干烤。用刷子刷上融化的黄油，再涂上厚厚的❷，然后放上腰果片，继续用火烘烤。
❹柿子椒穿成串，刷上色拉油烤制，浸入水中冷却，再洒上稀释过的酱油。

鲅鱼（幼鲕鱼）

煮鱼

白味噌煮鲅鱼
（花椒粒风味）
　牛蒡丝、豌豆
角丝

烧烤

烧烤杉木板夹鲅
鱼和松口蘑
　香橙、未过滤
的酱油腌制的
生姜

割鲜

香橙皮盛放的鲹鱼斜
削生鱼片
薯蓣短棒、青海
苔、防风、山葵、香
橙酱油

吸物

葛粉煮鲹鱼
鸡蛋豆腐、间引
菜、香橙

鲅鱼（幼鲕鱼）

大阪人喜欢初夏的津鲋鱼，夏秋时节的鲅鱼

如今鲅鱼产量稀少，但在过去产量丰富，能大量入手，因此料理店也经常使用鲅鱼制作料理。"春天用藻杂鱼，初夏用津鲋，夏季用鲅鱼，秋季用目白，冬季用鲕鱼。"大阪人喜欢初夏的津鲋，夏秋时节的鲅鱼。

曾经有一段时间进货时尤以脂肪肥厚的养殖鲅鱼居多。我总觉得人工养殖的鲅鱼脂肪太厚，所以不曾食用。有时候，偶然买到了天然的鲅鱼，自然是非常高兴，不由得摆出得意的面孔向客人们推荐，但是客人品尝后却说："这不是鲅鱼吧！"这位客人大概是习惯了养殖鲅鱼的那种脂肪肥厚的口感吧。我现在也是不管怎么样都不习惯养殖鲅鱼的口感，但是鲅鱼却早就开始使用养殖的了，现在的技术也进步了很多，因此市场上还是有不少品质不错的养殖鲅鱼的。

鲅鱼

煮鱼

白味噌煮鲅鱼（花椒粒风味）
　牛蒡丝、豌豆角丝

❶鲅鱼分割成 3 片，切成鱼块，鱼皮上划上刀口。鱼块的一端折起，穿成串，稍稍烤制，只烤一面。
❷锅中倒水，放入鲅鱼的鱼杂和昆布，炖煮 30 分钟。过滤后即是鲅鱼汤。
❸酱油渍花椒粒放入❷中稍稍煮制后捞出待用。
❹步骤❸的汤汁中溶入白味噌，放入❶炖煮。
❺斜削成细丝的牛蒡用八方汁炖煮，牛蒡不要煮得太软，留有一点嚼劲。
❻豌豆角焯水，然后切丝。
❼容器中盛入❹❺❻。步骤❸的花椒粒放在牛蒡丝上面。

烧烤

烧烤杉木板夹鲅鱼和松口蘑
　香橙、未过滤的酱油腌制的生姜

❶鲅鱼分割成 3 片，然后斜切成鱼片。幽庵酱汁中加入浓口酱油、酒、甜料酒、香橙片。将鱼片放入此酱汁中浸泡 4~5 小时。
❷松口蘑清洗干净，竖着切成 5 毫米左右的厚度。
❸两片❷夹一片❶，外面再用湿润的杉木板夹住，用竹皮带绑好。放入 230℃的烤箱中烤制 10 分钟。
❹容器中盛入❸，添加未过滤的酱油腌制的生姜。

割鲜

香橙皮盛放的鲅鱼斜削生鱼片
　薯蓣短棒、青海苔、防风、山葵、香橙酱油

❶鲅鱼分割成 3 片，去除小刺。鱼皮朝下平放，将鱼皮留出大约 5 毫米的厚度，由尾部开始从鱼皮上割下鱼肉（鱼皮不要扔，可以做成凉拌菜或者用盐烤）。鱼肉覆上和纸撒淡盐，用脱水薄膜包裹两小时。
❷薯蓣切成短棒状，用盐水浸泡，使其柔软。
❸制作唐草防风。
❹将❶斜削成生鱼片，盛入削成花形的香橙皮中。添加步骤❷的薯蓣、步骤❸的防风、青海苔。搭配山葵泥和香橙酱油食用。

吸物

葛粉煮鲅鱼
　鸡蛋豆腐、间引菜、香橙

❶鲅鱼分割成 3 片，鱼皮留厚一点，从鱼皮上斜削下鱼肉（鱼皮留着，可以做成凉拌菜或者用盐烤），然后撒盐。
❷鸡蛋豆腐加热，间引菜（芜菁、萝卜的间苗拔下来的菜秧）用盐水焯一遍。
❸步骤❶的鲅鱼满满撒上葛粉，反复拍打，使葛粉被吸附。葛粉被沾湿的地方重新再撒葛粉，继续拍打。放入大火烧开的开水中，中途改为小火，慢炖。
❹将❷❸盛入碗中。用昆布和鲣鱼煮成的一番汁制作清汤，注入碗中。添加香橙丝。

落香鱼

拼盘

蓼味噌酱佐水煮
带子落香鱼
　菊花莲藕、豌
豆角

拼盘

龙野煮带子落
香鱼
　昆布片、八方
煮菊花小芋头、
茼蒿、生姜丝

烧烤

风干的内脏腌制品渍落香鱼
鱼肠味噌烤落香鱼
　带皮小芋头、毛豆、生姜
嫩芽

下酒菜

落香鱼的菊花脍
　细黄瓜、防风

161

落香鱼

香气已经几乎没有了，腹中的鱼子才是价值所在

落香鱼以河底的硅藻为食，浑身散发着与西瓜相似的独特香气，因此得名"落香鱼"。落香鱼属于鲑鱼目香鱼科的鱼类。

落香鱼无论是雌鱼还是雄鱼，都因为腹中饱含鱼子或者鱼白而丧失了游泳能力，只能顺着水流一路往下游移动。这一过程在各地发生的时间都不一样，在北海道南部发生在9月，在九州发生在12月，在琵琶湖发生在8月。在往下游移动的过程中，幸运逃脱鱼梁等捕鱼设施的落香鱼，会从中游开始，直到河口地带为止，在河底的圆形石头上一边产卵一边顺流而下。落香鱼是一年生鱼，完成了留下后代的责任，它短暂的一生也走到了尽头，因此落香鱼也有"年鱼"这样的别名。

秋季的落香鱼几乎已经没有香气了，但是带鱼子的落香鱼也别有一番风味。用盐烤就非常不错，直接用火烤后再炖汤也很不错。也可以展开鱼身风干成鱼干。鱼白、鱼子、内脏分别做成腌制品，或者混合在一起做成腌制品也可以。落香鱼的主要价值就在于腹中的鱼子鱼白，但是再也没有哪种鱼能像落香鱼这样，从小鱼苗到落香鱼，甚至鱼子鱼白都能做成脍炙人口的美味佳肴。

落香鱼

拼盘

蓼味噌酱佐水煮带子落香鱼
    菊花莲藕、豌豆角

❶带子落香鱼用火干烤。锅中铺上划出裂口的竹笋皮。倒入昆布水和酒煮鱼，将鱼肉煮至柔软，溶入白味噌，加少量的醋，文火慢炖。静置一晚。
❷制作香鱼蓼泥。
❸将莲藕削成菊花形状，用八方汁炖煮。
❹豌豆角焯水后，浸入八方汁中。
❺将步骤❶的汤汁倒入另外的小锅中，再次添加白味噌熬煮。加入❷搅拌均匀，浇在落香鱼上。
❻落香鱼上放上❸和❹一起装盘。

拼盘

龙野煮带子落香鱼
    昆布片、八方煮菊花小芋头、茼蒿、生姜丝

❶切去带子落香鱼的鱼头和鱼尾，头、尾、身体一起用火干烤。
❷锅中铺上划出裂口的竹笋皮，放入步骤❶的落香鱼，加入昆布水、酒，文火慢炖。加入淡口酱油、盐、甜料酒、砂糖调味并稍稍上色，继续炖煮。添加紫苏梅醋，调和味道。
❸小锅中倒入少量步骤❷的汤汁，加入昆布水、昆布薄片，文火慢炖。
❹小芋头削成花的形状，用八方汁炖煮，茼蒿用八方汁浸泡。将此小芋头和茼蒿装盘。落香鱼旁边装饰上生姜丝。

（译者注：龙野市，位于日本兵库县西南部播磨平原西北角。）

烧烤

风干的内脏腌制品渍香鱼
鱼肠味噌烤落香鱼
    带皮小芋头、毛豆、生姜嫩芽

❶落香鱼从脊背切开，去除内脏。保留鱼鳍，取出中骨。落香鱼的内脏腌制品用滤网碾碎，用酒稀释。将落香鱼放入其中浸泡，然后捞出风干。中骨留待备用。
❷另取一条落香鱼分割成 3 片。撒淡盐，晾成半干。中骨备用。
❸将落香鱼的鱼肠收集起来，清理干净，用刀切碎。用少量的酒熬制成鱼肠味噌。
❹步骤❶❷的中骨用火烤制，再用少量的酒炖煮后过滤。溶入赤味噌，放入❸，文火慢炖。待温度稍稍冷却，加入蛋黄，用砂糖调整味道，再次熬煮。将熬好的酱料涂在❷上，用火烧烤。
❺步骤❶的落香鱼用火烘烤，与❹一起装盘。添加用盐蒸的带皮小芋头和盐煮毛豆。

下酒菜

落香鱼的菊花脍
    细黄瓜、防风

❶落香鱼分割成 3 片，用昆布包裹，使昆布香气渗透。
❷黄色的食用菊花焯水，浸入甜醋中。
❸落香鱼的鱼子腌制品用煮切酒稀释，加入爪昆布调和味道。
❹落香鱼的鱼白腌制品用滤网碾碎，同样用煮切酒和爪昆布调和味道。
❺细黄瓜切成蓑衣黄瓜，放入盐水中浸泡。
❻步骤❶的落香鱼去皮，斜切成片，浸入土佐醋中。步骤❷的菊花稍稍拧干水分，与落香鱼片混合装盘。
❼落香鱼片上浇上❸❹。

（译者注：爪昆布，将昆布削成昆布薄片时，削到最后剩下的昆布头。）

带鱼

割鲜

带鱼生鱼片
　针乌贼、四季
萝卜、山葵、未
过滤的酱油

拼盘

水煮油炸带鱼蔬
菜卷
　香菇、甜的长
辣椒、酸橘

寿司

带鱼的格纹模压寿司
　梅肉甜醋渍莲藕、甜醋渍菊花

烧烤

松针烤太刀鱼和松口蘑
　用鲣鱼汤、醋柑橘等稀释的酱油，酸橘

带鱼

小刺很多，过去的高级料理店不会使用带鱼制作料理

一直到昭和中期，带鱼都不曾出现在高级料理中。带鱼没有鳞片，取而代之的是一层银箔，这层银箔可以用于制作人造珍珠的表面光泽，也能用于制作银箔纸。

在大阪地区，用带鱼制作而成的配菜非常有人气，但是鱼鳍部分小刺较多，对于孩子们来说吃起来比较困难。其实只要将鱼刺剔除就没问题了。即使是在料理店，带鱼也是一种料理起来很方便的鱼。制作盐烤带鱼等烧烤的话，首先在鱼鳍两侧用菜刀划出深深的刀口，然后再烧烤，这样烤好后，使用拔刺钳很容易就能拔出小刺了。

如果是做生鱼片的话，保留外层银色表皮，切成鱼片后将橙汁挤在鱼片上食用，口感会更好。这样就能吃到便宜的料理，即使是高级料理也不会特别贵，总之，既划算也不浪费呢。

但是，带鱼也有旬，有句老话叫"与其说是从海里钓带鱼不如说是拔带鱼"，描述的是这样的场景：夏夜，乘船出海钓鱼兼顾纳凉，鱼竿前端挂上铃铛，船两侧架起数根鱼竿，顺水漂流。一旦铃响就说明有鱼咬钩，接下来只需要将鱼竿提起来。月光下闪闪发光犹如军刀的带鱼，就如同在大海这片田地中拔牛蒡一样被钓上来。虽说外行上手也不难，但我也没试过。不过我听说，那真的是非常令人惊艳的画面。带鱼在日本海的旬是夏季，在濑户内海的话是夏季再往后，真要算起来应该是秋季了。

带鱼

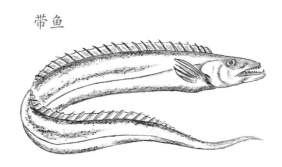

割鲜

带鱼生鱼片
　　针乌贼、四季萝卜、山葵、未过滤的酱油

❶带鱼分割成 3 片，覆上和纸后撒盐，用脱水薄膜包裹两小时脱水。
❷尾巴较细的部分和鱼腹部分切成条。薯蓣切丝，拌入佛掌薯蓣泥中，再加入山葵泥混合均匀。
❸将❷在容器中摆成宽 4 厘米、长 7~8 厘米的"一"字状。将❶切成生鱼片，如同铠甲般整齐放在刚刚铺好的❷上。撒上青海苔粉。
❹针乌贼（或者金乌贼）的幼崽不去皮，直接焯水后用冷水冷却，做成刺身。四季萝卜切成丝，四季萝卜的茎剥成唐草状，与山葵泥一起做装饰。
❺刺身酱油中加入未过滤的酱油勾芡，用小碟盛放。

拼盘

水煮油炸带鱼蔬菜卷
　　香菇、甜的长辣椒、酸橘

❶带鱼分割成 3 片，鱼身较厚部分与鱼尾较细部分切下，做成肉泥。
❷洋芹、胡萝卜、香菇、豌豆角等切成丝，长度等于带鱼的宽度。将这些蔬菜整齐地混合在一起。
❸鱼骨干烤后用二番汁炖煮，熬鱼汤。
❹带鱼的外皮一侧切出铠甲般的刀口，内侧撒上淀粉，再放入肉泥，肉泥中再包上❷。将带鱼卷起，用牙签固定，撒上淀粉，下锅油炸，然后焯水去油腻。
❺步骤❸的鱼汤中加入酒、浓口酱油、甜料酒、砂糖后，放入❹炖煮。添加干辣椒、酸橘汁。
❻用步骤❺的汤汁煮丛生口蘑。甜的长辣椒一切两半，焯水后，浸入汤汁中。
❼将❺切成段，添加❻。

寿司

带鱼的格纹模压寿司
　　梅肉甜醋渍莲藕、甜醋渍菊花

❶水煮鸡蛋的蛋黄用滤网碾碎，隔水蒸，做成蒸鸡蛋。
❷带鱼用盐腌制，为做寿司做准备。
❸制作模压寿司的模具中放入带鱼，一半是鱼皮朝上，一半是鱼皮朝下，然后填入寿司饭，做成寿司。
❹鱼皮朝下的寿司块，在鱼身上涂上薄薄一层吉野醋，然后铺上❶。
❺将❸❹切开，互相错位摆放成相间的格子花纹。
❻带鱼切成长长的花瓣形状，摆成菊花状，中间放入圆形寿司饭，将其包成包子状，然后倒过来摆盘。食用菊花焯水后，用甜醋浸泡。将菊花当作花心儿，放在带鱼中间。
❼添加甜醋渍食用菊花、甜醋渍莲藕。

烧烤

松针烤太刀鱼和松口蘑
　　用鲣鱼汤、醋柑橘等稀释的酱油，酸橘

❶带鱼分割成 3 片，切成 10 厘米 ×7 厘米的长方形，撒淡盐静置。
❷蛋清加盐，打发起泡，整齐放入绿色的松针，使其在蛋清中若隐若现。
❸两片带鱼中间夹一片松口蘑，放在❷上。然后放入 220℃的烤箱中烤 10 分钟。
❹放上烤焦的松针和红叶。搭配酸橘和用鲣鱼汤、醋柑橘等稀释的酱油食用。

11 月
银鲳

拼盘

银鲳鱼汤佐银鲳
皮难波葱卷
八方汁焯牛蒡
丝、槭树叶状胡
萝卜、豌豆角

烧烤

烧烤银鲳卷蔬菜
丝
天王寺芜菁、
菊花脍

割鲜

银鲳的香橙生鱼
片
　鹿角菜、四季
萝卜、山葵、香
橙醋酱油

烧烤

罗勒风味银杏烤
银鲳
　菊花状芜菁

油炸物

五色浇汁油炸银
鲳
　生姜汁、辣椒
丝

银鲳

大家都说"去大阪旅行的话，一定要尝过银鲳再回来"

俗话说"西海没有鲑鱼，东海没有银鲳"，也就是说，鲑鱼最远到利根川河口就不再往西移动了，银鲳最远到三重县附近就不再往东移动了。江户时代，银鲳主要做生鱼片、寿司、烧烤等，大家都说"去大阪旅行的话，一定要尝过银鲳再回来"。

银鲳的主要产地在纪州、濑户内海、九州。现在的交通运输十分便捷，即使是银鲳的鳞片很快就会脱落，也能在其脱落之前就运送到客户手中。因为买到的银鲳非常新鲜，因此银鲳的生鱼片料理也变多了。但是，银鲳太过新鲜的话反而会有腥臭味，鱼的味道也很淡，加热处理会更加好吃。做成生鱼片食用，要等到鱼肉开始僵硬时，撒上若有若无的淡盐，用和纸或脱水薄膜包裹脱水。

夏季上市的银鲳味道还不够丰富，体重 300 克左右的幼鱼，俗称"蝴蝶"。将此幼鱼用昆布包裹腌制后生食，或者用醋凉拌都非常不错。虽然银鲳成鱼的旬是从晚秋到冬季，但银鲳一般从产卵开始，经过 4~8 个月的时间即可发育成熟，时间差异比较大。因此进入梅雨时节两周左右，也会出现非常美味的银鲳成鱼，但如果不是非常善于鉴别的人还是很难分辨出区别的。

银鲳

拼盘

银鲴鱼汤佐银鲴皮难波葱卷
　　八方汁焯牛蒡丝、槭树叶状胡萝卜、豌豆角

❶难波葱切成适当的大小烧烤。
❷将银鲴连皮保留 1 厘米的厚度，片下鱼肉。以❶为芯，用鱼肉卷好，穿成串。
❸在❷上撒满淀粉后油炸。然后用开水焯去多余水分。
❹将❸用二番汁和浓口酱油、砂糖炖煮。起锅时，挤上柠檬汁。
❺削成槭树叶形状的胡萝卜放入加了梅醋的八方汁中炖煮，然后就泡在汤汁中冷却。
❻豌豆角焯水，冷却后放入八方汁中浸泡。
❼将较浓的八方汁煮开，然后放入切得特别细的牛蒡丝煮开。
❽容器中盛入❹❺❻❼，浇入煮银鲴的汤汁。

烧烤

烧烤银鲴卷蔬菜丝
　　天王寺芜菁、菊花胗

❶银鲴分割成 3 片，其中一半鱼身连皮保留 2 厘米的厚度，片下鱼肉。鱼皮上用菜刀划出网状刀口。
❷制作味噌幽庵酱汁。将白粗味噌、酒、浓口酱油混合，加入香橙切片。
❸用纱布包裹❶，放入❷中浸泡 6 小时。
❹竹笋（水煮）、香菇、胡萝卜、豆角切丝，用八方汁炖煮，然后捞出沥干水分。
❺卤豆腐挤干水分，用滤网碾碎，与等量的白身鱼的肉泥混合，用盐和淡口酱油、砂糖调味，再加入❹混合均匀。搓成棒状。
❻步骤❸的鱼身取下纱布，鱼皮朝下，放在竹帘上，鱼肉上用刷子刷上淀粉，放上❺，卷成卷。
❼将❻放入烤箱烤制，然后切开。
❽将❼装盘，添加天王寺芜菁和甜醋渍食用菊花。
（译者注：白粗味噌，曲霉较多，盐分较少，残留大豆颗粒的味噌酱。）

割鲜

银鲴的香橙生鱼片
　　鹿角菜、四季萝卜、山葵、香橙醋酱油

❶制作浸泡用的醋。香橙汁、酸橘汁按 1 : 1 的比例混合，放入白板昆布丝浸泡。然后过滤，昆布留待备用。
❷银鲴分割成 3 片，将鱼皮刮下（这里的鱼皮可以用于制作前面的银鲴皮难波葱卷）。鱼肉用于制作生鱼片，先切成块，撒淡盐。包上和纸静置两小时，一边脱水，一边等盐分吸收。
❸将❷放入❶中浸泡。
❹过滤出步骤❸的浸泡醋，加入淡口酱油混合，添加甜料酒制作成蘸料。

烧烤

罗勒风味银杏烤银鲴
　　菊花状芜菁

❶银鲴用幽庵酱汁腌制。
❷白果煮熟，去内皮，切圆片。
❸水煮鸡蛋的蛋黄用滤网碾碎，加入生蛋黄、蛋黄酱、罗勒碎，调和味道及香气。
❹步骤❶的幽庵渍银鲴用火干烤。将❷放入❸中搅拌均匀，然后涂在烤鱼上，继续烘烤。
❺容器中盛入烤鱼，添加甜醋渍芜菁。

油炸物

五色浇汁油炸银鲴
　　生姜汁、辣椒丝

❶银鲴分割成 3 片，鱼身较厚部分稍稍切去一些。鱼皮一侧深深刻上菱形刀口，撒淡盐。
❷将❶用竹扦穿起来，保证菱形刀口看起来像龟壳一般被撑开。抹上淀粉下锅油炸。
❸银鲴的中骨直接干烤。
❹公的菱蟹蒸熟，挑出蟹肉，蟹壳留待备用。
❺蟹壳与干烤的鱼骨一起放入昆布水中煮汤。
❻胡萝卜、牛蒡薄片、木耳分别切丝。
❼鸭儿芹焯水，切成与❻的食材差不多的长度。
❽步骤❺的汤汁中加入淡口酱油、酒、砂糖调味，然后放入❻炖煮。添加醋、步骤❹的蟹肉，做成甜醋浇汁。
❾将❷❸混合装盘，❽铺在碗底。添加❼，顶部撒上辣椒丝。

斑鰶

烧烤

源平烤鱼串
花椒味噌烤斑鰶
和香橙味噌烤
斑鰶
　菊花状芜菁

大阪寿司

斑鰶的小船寿司
生姜嫩芽

下酒寿司

斑鰶和芜菁酒
曲酿制的寿司
味噌渍细胡
萝卜

洋风脍

腌渍斑鰶和蔬
菜
洋葱、红色
灯笼椒、洋芹、
黄瓜

斑鰶

斑鰶去除鱼刺后刷上酱料烧烤非常好吃

改王鰶的幼鱼被叫作"小肌"，在江户地区，小肌的握寿司很流行，大阪地区也会使用斑鰶制作小船形状的手搓寿司。渐渐地，人们点菜时也会说"来两艘小船"，"小船"的形象也因此深入人心，斑鰶的产量也逐渐供不应求，价格飞涨，不得已只能用鲐鱼来代替。然而鲐鱼也很快就卖完了，这种速度的话，制作手搓寿司不太来得及，因此到了现在就演变成了模压寿司。

大阪的手搓寿司虽然消失了，但是江户的小肌的握寿司现在仍旧存在。并且，人气也越来越旺，现在连大阪都是小肌握寿司的天下了。斑鰶也是一种出世鱼，5厘米左右叫作"杂鱼"或者"新子"，10厘米左右叫作"津无"或"小肌"。15厘米左右的斑鰶去除鱼刺后刷上酱料烧烤非常好吃。

斑鰶

烧烤

源平烤鱼串
花椒味噌烤斑鰶和香橙味噌烤斑鰶
　菊花状芜菁

❶制作两种味噌酱。盐渍花椒放入研钵研碎，加入赤味噌、砂糖、酒、甜料酒炖煮。
❷白味噌中加酒、甜料酒，酌情加砂糖炖煮。使用时取必要的量，用煮切酒溶解。
❸斑鰶去鳞，切去头尾。内脏取出清洗，背部和腹部划出刀口，由鱼皮向背骨切开，去除鱼刺。
❹将❸用铁扦穿成串，分别涂上❶和❷后烤制。
❺将❹盛入容器中。
❻添加雕成菊花状的芜菁，用槭树叶做装饰。

大阪寿司

斑鰶的小船寿司
　生姜嫩芽

❶斑鰶从背部切开，切去背鳍和鱼尾。削去腹骨，用拔刺钳拔去小刺。撒重盐，静置一晚。
❷用水清洗❶，去除多余盐分，再次撒盐静置一会儿。盐都被吸收时，洒醋静置一会儿，去除腥臭味。
❸将米醋、砂糖、盐混合，放入昆布浸泡一晚。
❹往❸里面擦入香橙皮，挤入香橙汁，放入❷浸泡。泡至入味后捞出。
❺用步骤❹的寿司醋制作寿司饭。
❻湿布上面放上❹，鱼皮朝下。上面再放上步骤❺的寿司饭。用湿布卷起食材，聚拢成小船形状。
❼容器中盛入❻，添加生姜嫩芽。

●小船寿司再现了幕末时期军舰的形态。

下酒寿司

斑鰶和芜菁酒曲酿制的寿司
　味噌渍细胡萝卜

❶斑鰶分割成3片，撒重盐静置一晚。
❷酒曲揉碎，浸入温水中，使其泡发。
❸泡发的步骤❷的酒曲（一袋）拌入两合的寿司饭，加少量盐，静置一晚发酵。
❹天王寺芜菁带皮切成1.5厘米厚的圆片，撒盐。盐被吸收后，晾在通风处晾至半干。切丝的胡萝卜也同样风干。
❺将❶放入水中清洗，稍稍留有一点咸味，洗去多余盐分。浸入醋中，待鱼身泛白，将醋擦去。
❻将斑鰶切片，用芜菁干夹住。
❼酒曲饭中加入胡萝卜、干辣椒，然后放入❻腌制，上面放重石压实。因为会有水分渗出，将其放入冰箱冷藏两周。经过3~4周时间的不断发酵，就能尝到完全不一样的味道了。添加味噌渍胡萝卜和香橙果粒或者香橙丝。

（译者注：合，日本容积单位，为1升的1/10。）

洋风脍

腌渍斑鰶和蔬菜
　洋葱、红色灯笼椒、洋芹、黄瓜

❶斑鰶分割成3片，撒重盐静置一晚。用水清洗干净，放入浸泡醋（酸橘汁和米醋按2∶1比例混合，用盐和砂糖调味）中浸泡，调和味道。待鱼身泛白捞出。
❷剩下的浸泡醋中加入等量的橄榄油，用盐和胡椒调整味道，制作成腌渍汁。
❸洋葱和洋芹切细丝，用盐揉搓，然后用水清洗干净后挤干水分。红色灯笼椒也切细丝后撒盐，在保证形状的前提下轻轻挤干水分。
❹步骤❶的鱼身上，在鱼皮一侧用剔骨刀划出刀口，然后将鱼身卷成圈，用牙签固定，与❸一起放入❷中腌制。
❺黄瓜和❸做同样处理，装盘时放在一起。

红叶鲷

割鲜

红叶鲷切片
　菊花、石耳、
防风、乳黄瓜、
山葵、混合酱油

割鲜

卡尔帕乔风味
鲷鱼生鱼片和
蔬菜丝
　薯蓣丝配马
苏大马哈鱼的
鱼子酱、山葵、
太白芝麻油、
淡口酱油

烧烤

鱼肚酱烤鲷鱼
　　醋泡菊花形状芜菁、生姜
嫩芽

煮物

异风芜菁炖鲷鱼
　　芜菁的菜心、青葱风味

红叶鲷

虽然字典上没有这个词，但秋季的红叶鲷是一种成熟的味道

红叶鲷形体优雅，味道可口，也很适合垂钓，正可谓必要条件全都具备，这样的鱼找不到第二种了。

《古事记》和《日本书纪》中有一种叫作"赤目"的鲷鱼。1 岁时叫作"チャリコ"（茶利子），3 岁时叫作"カスゴ"（卡司子），4 岁以上才叫作"タイ"（鲷鱼）。终于长成为鲷鱼时，我觉得 9 月还是青春的味道，然后才是"红叶鲷"成熟的味道。

室町时代前期的《四条流庖丁书》认为鲤鱼是最高级的鱼，中期以后鲷鱼料理飞速发展，出现了越来越多的鲷鱼料理。江户时代中期的俳文集《鹑衣》中也有提到鲷鱼的句子"人は武士、柱は檜の木、魚は鯛……"（做人当做武士，柱子当选日本扁柏木，吃鱼当吃鲷鱼……），这里的鲷鱼是指樱花鲷还是红叶鲷呢？犁齿鲷、黄鲷、黑鲷、灰裸顶鲷、金线鱼、平鲷、箭柄鱼等，日本仅鲷科鱼类就有 13 种，此外还有很多的同类鱼，所以我觉得这句话中的鲷鱼应该指的是真鲷。

（译者注：《四条流庖丁书》，四条流是室町时期将军等贵人出行时准备的本膳料理的一种流派，以鲤鱼料理为主，庖丁书则是记录有关该料理的典章制度的书。）

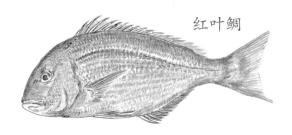

红叶鲷

割鲜

红叶鲷切片

　　菊花、石耳、防风、乳黄瓜、山葵、混合酱油

❶红叶鲷背部鱼肉切成长长的薄片。
❷腹部鱼肉的鱼皮部分过一下开水，然后切成方块。
❸食用黄菊的花瓣用盐水煮。石耳焯水，去除菌柄头，然后用高汤炖煮。
❹容器中反着放上画了红叶的无纺布，然后盛入❶❷❸，以及防风、乳黄瓜、山葵。
❺二段熟成淡口酱油中加入煮切酒，放入昆布腌制成酱，搭配这种酱食用。

割鲜

卡尔帕乔风味

鲷鱼生鱼片和蔬菜丝

　　薯蓣丝配马苏大马哈鱼的鱼子酱、山葵、太白芝麻油、淡口酱油

❶莴苣、胡萝卜切丝，与萝卜苗一起头尾对齐放置。
❷红叶鲷的背部鱼肉切成薄片。
❸取步骤❷的鱼片2枚包裹步骤❶的蔬菜丝，然后摆入盘中。
❹制作10厘米左右长的薯蓣丝，洒上淡盐水。将薯蓣丝团好放置在盘子一侧靠近自己的位置，中间放上马苏大马哈鱼的鱼子酱。添加山葵。
❺另用小碟盛放二段熟成淡口酱油和太白芝麻油。

（译者注：卡尔帕乔，20世纪初出现的一种意大利料理，将生牛肉或生鱼肉切成薄片，洒上橄榄油，加入香辛料调味。）

烧烤

鱼肚酱烤鲷鱼

　　醋泡菊花形状芜菁、生姜嫩芽

❶鲷鱼的肝脏切小块，用水洗去血污。胃和肠洗去污物，撒重盐腌制3~4日。然后泡入水中，洗去盐分。用酒清洗，然后擦干，用刀切碎。加入酒、盐调味，昆布切碎放入。将此混合物密封发酵，时不时开盖搅拌一下，腌制1个月。
❷步骤❶的鱼肚酱用少量的酒煎煮，然后稍稍放凉。加入蛋黄后再次点火，炒至半熟。青葱用盐揉，然后放入水中清洗干净，加入刚刚的蛋黄鱼肚酱中。
❸鲷鱼的鱼身上撒淡盐，用菜刀斜着切成两片。两片鱼身中间夹入❷，穿成鱼肉串烧烤。蛋黄酱中加入打发的蛋清，然后刷在鱼串上，继续烤制。
❹添加醋泡芜菁、生姜嫩芽。

煮物

异风芜菁炖鲷鱼

　　芜菁的菜心、青葱风味

❶鲷鱼头仔细去除鳞片，然后切开，撒盐。
❷中骨切小块，与步骤❶剩下的骨头放在一起。
❸昆布放在水中浸泡一晚，制作成昆布汤料。
❹芜菁去皮、切片，放入❸中炖煮。芜菁的皮与茎叶留待备用。
❺猪肉培根用橄榄油翻炒，然后加入步骤❷的鱼骨和芜菁的皮与茎叶（菜心留待备用）继续翻炒。注入步骤❹的汤汁炖汤。
❻煎锅中洒上橄榄油，大火油煎❶的鱼皮部分，将其煎至焦黄。
❼步骤❺的汤汁中加入酒、盐、胡椒调味，加入步骤❹的芜菁炖煮。入味后放入步骤❻的鲷鱼，文火慢炖。起锅时，放入芜菁的菜心和青葱。

12 月
鲐鱼

（青花鱼）

烧烤

雪花烤豆腐渣渍鲐鱼

焯水水芹茎、青海苔粉

羹

鲐鱼羹

雪花萝卜、胡萝卜条、萝卜嫩叶

180

炊菜

香橙味噌煮鲐鱼
　天王寺芜菁、
豌豆角、松子、
糖水煮橙子

脍

鲐鱼的醋豆腐渣寿司
　醋渍防风、生姜嫩芽、
旋萝卜片

鲐鱼（青花鱼）

鲐鱼可以说是大阪人不可或缺的鱼

"ばってら食い長き宴の終わりとす"（最后来一份小船寿司，作为漫长的宴席的收尾），俳人楠本宪吉出生于大阪的老字号料理店，这句诗将大阪人的天性表达得淋漓尽致。坐在居酒屋里，首先会点一份鲐鱼生寿司。宴席结束回去时，手里拎着鲐鱼的小船寿司或者寿司卷，一边还嚷嚷着："换一家继续喝！"鲐鱼就是与大阪人的生活如此密切相关。过去在京都地区，鲐鱼属于下等鱼类，官府朝臣是不吃的，但却会用来供奉神明等。是不是由于这个原因，所以才有很多与鲐鱼有关的宗教信仰的传说呢？

虽然官府朝臣不吃，但是平民百姓却并非如此。发源于若狭海滨的薄腌鲐鱼就备受珍重，做成醋腌鲐鱼（脍）和鲐鱼寿司卷，或者做成盐烤鲐鱼食用都非常不错。人们都很喜欢的"味噌煮"却没有用到鲐鱼，那是因为将鲐鱼运输到大街小巷的过程中，就已经被制作成醋腌鲐鱼了。鲐鱼有真鲐和胡麻鲐，二者中真鲐的味道更好，而到了夏季，真鲐的味道渐渐变差时，胡麻鲐却渐渐美味起来。

虽然鲐鱼很受欢迎，但现在日本全国的鲐鱼产量都在锐减，无论去哪家店，使用的都以外国的冷冻鲐鱼居多。

真鲐鱼

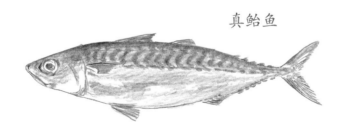

烧烤

雪花烤豆腐渣渍鲃鱼
  焯水水芹茎、青海苔粉

❶鲃鱼分割成 3 片，撒淡盐。

❷酒曲中加入温热的昆布水泡发。

❸豆腐渣用昆布水和酒溶解，加入盐和砂糖炖煮。

❹将❷❸混合，加入田舍味噌，制作成腌制酱料。

❺将❶放入❹中腌制 4 天左右，切成方便食用的大小，用铁扦穿好烤制。涂上打发的蛋清，撒上青海苔粉继续烘烤。

❻容器中盛入❺，添加焯过水的水芹茎，并撒上芝麻。

羹

鲃鱼羹
  田边萝卜、胡萝卜条、萝卜嫩叶

❶鲃鱼分割成 3 片，鱼杂切块。鱼身和鱼杂厚厚抹盐。

❷锅中盛满水，放入昆布浸泡两小时，制作昆布水。取出昆布。

❸田边萝卜切成雪花状，胡萝卜切细条。萝卜和胡萝卜切剩下的碎块备用。

❹萝卜的嫩叶焯水。

❺步骤❶的鱼杂迅速过一遍水清洗一下，放入❷中。添加步骤❸的萝卜和胡萝卜的碎块，点火，然后倒入蛋清。按照清炖鱼汤的方法，过滤出清汤。

❻将❸放入❺中煮熟，然后取出。

❼将❺加热至 70℃，放入步骤❶的鱼身，慢慢炖煮。加入步骤❹的萝卜嫩叶以及步骤❻的萝卜和胡萝卜，并添加萝卜泥，用盐调味，用葛粉勾芡。

❽将❼盛入碗中。

●田边萝卜　大阪府东成郡田边地区（现大阪市东住吉区）特产的白萝卜。糖分高、香气浓郁是其特点。

炖菜

香橙味噌煮鲃鱼
  天王寺芜菁、豌豆角、松子、糖水煮橙子

❶香橙皮的表面磨成泥，添加少量白味噌。

❷步骤❶的香橙榨汁，剩下的皮放入小苏打水中焯一遍，然后用水清洗。切丝，用糖水煮。

❸天王寺芜菁用昆布水炖煮。

❹步骤❸的汤汁中溶入少量白味噌，然后放入鲃鱼肉和芜菁，煮成白味噌风味。

❺稍稍放凉后，取步骤❹的汤汁，放入蛋黄和步骤❶的香橙味噌，以及步骤❷的糖水煮橙子。然后将鲃鱼和芜菁重新放入汤中炖煮，用步骤❷的橙汁添加酸味。

❻将❺盛入容器中，添加焯水的豌豆角、糖水煮橙子，然后撒上松子。

脍

鲃鱼的醋豆腐渣寿司
  醋渍防风、生姜嫩芽、旋萝卜片

❶用豆腐渣（未过滤水分）、鸡蛋、盐、醋、砂糖，制作豆腐渣寿司的底料。甜醋渍生姜切碎，混入其中。

❷将萝卜如卷轴般环切成一长片，用甜醋腌渍。

❸防风的茎用醋腌渍然后打结。生姜嫩芽也用醋腌渍。

❹鲃鱼的鱼身用昆布包裹，使昆布鲜味渗透进鱼肉。

❺鲃鱼的腹部鱼皮较薄部分切成细长的一块，大约切成 2.5 厘米的长度，用步骤❷的萝卜片包起来。

❻将鱼腹打开，塞入❶。鱼皮表面竖着划出刀口。用❷将其包裹好，卷成刺身样式，装盘。用❸做装饰。

方头鱼

蒸物

豆浆蒸烤方头鱼
银杏年糕、百
合根、木耳、鸭
儿芹、香橙味噌

烧烤

唐墨烤白方头鱼
芥末渍芦笋、
爬山虎叶

割鲜

白霜昆布粉佐醋
洗方头鱼
　天王寺芜菁、
绿色鸡冠菜、山
葵、生鱼片作料
酒

煮物

方头鱼包萝卜芜菁汤
　天王寺芜菁、芜菁菜心

方头鱼

大阪人很久以前就知道白方头鱼的美味

　　将方头鱼归类为高级鱼类大概首先是从京都开始的。因红色的外表而被视为上品，并且带着微微甜味的红方头鱼在若狭海滨被捕获，然后重重堆叠，在运输途中因为不断脱水，味道也就变浓厚了。此后，方头鱼就成了京都料理不可或缺的食材了。

　　另一方面，江户则是以黄方头鱼比较出名。据记载，因为是在静冈兴津的海域被捕获，黄方头鱼也叫作"兴津方头鱼"。骏府城的女佣中，兴津的女官将薄腌的黄方头鱼加入德川家康的膳食中，因为好吃而被赞赏，此后黄方头鱼就成了江户料理必不可少的食材。无论是京都还是江户，此时对于更加美味的白方头鱼都一无所知。

　　方头鱼中貌似还有花方头鱼、墨方头鱼，我并不了解。具有代表性的是白方头鱼、红方头鱼（若狭方头鱼）、黄方头鱼（兴津方头鱼），味道也是按照这个顺序由好渐次，相信大家也都知道。拥有白色鱼身的白方头鱼，也被称为"白皮"，虽然现在无论是在京都还是东京都非常受欢迎，但直到明治末期之前，京都和东京都并不知道还有白方头鱼。究其原因，大概是渔获量很低，也没法从大阪直接运输活鱼吧。一方面，商业之城大阪本身对鱼类的需求量就很大，海运也很方便，所以很久以前就知道白方头鱼的美味。白方头鱼脂肪含量高，体形也较大，不适合做成鱼干，也不能像红方头鱼或黄方头鱼一样涂上酒，直接带着鱼鳞烧烤。现在也有了断筋活杀的技术，可以做成生鱼片食用，只要略微撒盐脱水就非常美味了。

（译者注：骏府，日本旧时骏河国的国府所在地，即今静冈市。作为今川氏的城下町发展起来，近代成为德川家康的隐居地。）

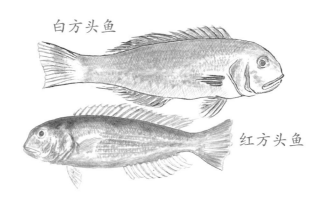

白方头鱼

红方头鱼

蒸物

豆浆蒸烤方头鱼

银杏年糕、百合根、木耳、鸭儿芹、香橙味噌

❶方头鱼（白方头鱼）分割成 3 片，鱼皮朝上平铺在砧板上，撒盐，然后将鱼皮烤出香气。鱼头和鱼骨备用。

❷步骤❶的鱼头和鱼骨上撒盐，上锅蒸熟，剔出鱼肉，剩下的鱼头和鱼骨备用。

❸步骤❷的鱼头和鱼骨与昆布一起炖汤。

❹步骤❸的汤汁和豆浆按照 1:2 的比例混合，然后加入蛋清，撒淡盐调味。

❺制作银杏年糕。银杏去壳，剥去内皮，与大米一起煮软。

❻百合根用盐水煮，木耳用水煮。

❼制作香橙味噌。白味噌、酒、甜料酒、砂糖、蛋黄混合后上锅熬制。香橙皮擦成泥，加入其中，并添加橙汁。

❽容器中盛入❷的方头鱼肉、❺的银杏年糕、❻的百合根和木耳，最顶部放上❶的烤鱼，鱼皮朝上放置。倒入❹，保持鱼皮不被淹没，然后上锅蒸。

❾步骤❽的鱼肉上浇上香橙味噌，焯水鸭儿芹打结，用作装饰。

烧烤

唐墨烤白方头鱼

芥末渍芦笋、爬山虎叶

❶方头鱼刮去鱼鳞，分割成 3 片，鱼皮朝上平放，撒淡盐，风干。

❷唐墨（咸鱼子干）用擦菜板擦成泥。

❸芦笋煮熟，放入加了芥末的白味噌中腌渍。

❹步骤❶的方头鱼用铁扦穿起来烧烤。烤制途中，在其中一面刷上黄色蛋黄酱，撒上❷，继续烘烤。

❺容器中盛入❹，将❸切成适当的长度竖着装盘。用爬山虎的叶子做装饰。

割鲜

白霜昆布粉佐醋洗方头鱼

天王寺芜菁、绿色鸡冠菜、山葵、生鱼片作料酒

❶白色的昆布薄片烘干后研成粉末。制作生鱼片作料酒。

❷断筋活杀的白方头鱼去皮，鱼身外侧朝上放置，撒淡盐腌制 4~5 小时。用酸橘醋清洗，然后用脱水薄膜包裹两小时。

❸天王寺芜菁去皮，竖着切成 4 块，分别深深地切入刀口，然后放入加了昆布的盐水中浸泡。

❹方头鱼斜切成鱼片，撒满❶后盛入容器中。添加天王寺芜菁、绿色鸡冠菜、山葵，搭配作料酒食用。

煮物

方头鱼包萝卜芜菁汤

天王寺芜菁、芜菁菜心

❶方头鱼分割成 3 片，抹盐。鱼头、中骨也一起抹盐。鱼头上锅蒸熟，挑出鱼肉，去除鱼骨。中骨剔出鱼肉后，用火干烤。

❷制作雪花形状的天王寺芜菁，然后与削剩下的碎块一起用昆布水炖煮。取出雪花状芜菁，锅中加入步骤❶的鱼头骨，文火慢炖。炖出的汤汁用于萝卜芜菁汤。

❸步骤❶中干烤的中骨另用昆布水炖汤，然后汤中放入雪花状芜菁煮熟。

❹盐腌后的方头鱼的鱼身切成大而薄的椭圆形。剩下的鱼肉与步骤❶挑出的鱼肉一起捣成肉糜，与薯蓣泥、蛋清、澄粉和在一起，最后加入木耳搓成团，用切好的鱼肉包成包子状，用烤箱烤制。

❺步骤❷的混合汤汁中加入芜菁泥，用盐、淡口酱油、酒调味，撒一点点葛粉勾芡，然后倒入碗中。

牡蛎

醋物

醋泡牡蛎
太白芝麻油酱油
渍牡蛎肉与洋芹
　醋渍红洋葱、
细叶芹

油炸物

油炸年糕粉裹
牡蛎
　油炸裙带菜、
苹果泥醋

烧烤

三色烤牡蛎
牡蛎鱼肚酱烤牡
蛎、香橙味噌酱
烤牡蛎、葱香酱
油烤牡蛎
梅醋渍莲藕

拼盘

绿煮牡蛎
八方汁煮菊花状芜菁、
芜菁菜心、香橙丝

牡蛎

来自广岛的大阪特产牡蛎船现在已经一家都没有了

日本有"赏樱季之后不要吃牡蛎"的说法，欧洲也有"不带字母 R 的月份不要吃牡蛎"的谚语，但要因此就说春夏不是牡蛎的旬的话，那也未必。

世界上大约有 100 种牡蛎，日本就有真牡蛎、密鳞牡蛎、住吉牡蛎、长牡蛎等 7~8 种。天然的花缘牡蛎，以及厚岸产的牡蛎，个头较大，也被称为"夏牡蛎"，夏季正是它们的旬。

养殖牡蛎大约是从宽永四年（1627）还是宽文十三年（1673）开始的，地点好像是在广岛。安艺国草津村的五郎左卫门带着养殖的牡蛎来到大阪贩卖，大阪的牡蛎料理也由此开始。还有另一种传说。元禄年间的大阪大火灾时，眼看着位于高丽桥头的町奉行所的告示牌就要被烧毁，停在桥下的牡蛎船的船主，即来自草津村的河面仁左卫门和西道朴两个人将告示牌移入船中，因为保护其不被烧毁有功，所以特许他们在大阪境内的桥下做生意。种种传说都描述了来自广岛的牡蛎船在大阪的桥下停靠，招揽客人，最后终于发展成了大阪的特产料理的故事。

这种牡蛎船也是道顿堀的特产，到昭和四十年（1965）间的道顿堀改造工程开始动工前还有 8 家牡蛎船，然而现在一家都没有了，真是让人失望。话说回来，虽然全日本都有牡蛎，但是大阪却没有本地产的牡蛎。然而昭和五十三年（1978），在森之宫遗迹发掘出的 31 种贝壳中，最多的却是真牡蛎，这真是让人大吃一惊。看来大阪湾在还被称为"茅淳之海"的上古时代，海水还是非常清澈的啊！

（译者注：安艺国，日本旧国名，位于广岛县西半部。）

真牡蛎

醋物

醋泡牡蛎
太白芝麻油酱油渍牡蛎肉与洋芹
　醋渍红洋葱、细叶芹

❶小粒的牡蛎洗干净，用少量煮切酒焯水去腥。焯过后剩的汤汁留待备用。
❷洋芹切碎。
❸用步骤❶的汤汁、淡口酱油、香橙汁、甜料酒制作口味柔和的醋酱油。添加辣椒和❷，放入❶腌制一晚，要保证辣椒和❷能缠裹住❶。然后捞出，擦干腌渍酱汁，浇上太白芝麻油。表面盖上保鲜膜，使芝麻油充分吸收。
❹红洋葱切成薄片，稍稍用盐揉搓，然后做成甜醋渍洋葱。将其与细叶芹一起装盘。

油炸物

油炸年糕粉裹牡蛎
　油炸裙带菜、苹果泥醋

❶大粒的牡蛎轻轻用针扎孔，然后抹上酒、淡口酱油静置。
❷准备牡蛎年糕用的小麦粉。
❸细长的干裙带菜切成 10 厘米左右的长度。
❹苹果擦成泥，加入八方醋，混合成带着冰碴的冰水般的状态，再加入柠檬汁和淡口酱油调和味道。
❺将❸沾湿，然后迅速撒上淀粉，下锅油炸。
❻擦去牡蛎上残余的料汁，撒上小麦粉，蘸上蛋清，再裹上❷下锅油炸。
❼将❺❻一起装盘，放入盘中，添加❹。

烧烤

三色烤牡蛎
牡蛎鱼肚酱烤牡蛎、香橙味噌酱烤牡蛎、葱香酱油烤牡蛎
　梅醋渍莲藕

❶准备牡蛎鱼肚酱，研碎后与蛋黄混合。
❷制作白色鸡蛋味噌酱，用煮切酒稀释，添加香橙末和橙汁增加香气。
❸青葱切成约 1.5 厘米长，用黄油和橄榄油慢慢煸炒，加入浓口酱油上色，制作成葱香味的酱汁。
❹牡蛎用铁扦穿成串，大火烤至半熟。然后放回壳中，涂上❶继续烤制。
❺牡蛎放入平底锅中，用油煸炒，然后放回壳中，涂上❷，撒上松子，上火烤制。
❻平底锅中涂上少量的橄榄油预热，然后同时放入牡蛎和❸煎炒。将牡蛎放回壳中，撒上胡葱。

拼盘

绿煮牡蛎
　八方汁煮菊花状芜菁、芜菁菜心、香橙丝

❶天王寺芜菁削成菊花形状，用八方汁炖煮。
❷芜菁柔软的菜心用作配菜，放入八方汁中浸泡。
❸芜菁的菜叶放入锅中煮烂，用作着色剂。
❹白味噌中加入芝麻碎，用生奶油、砂糖、酒调味，上锅熬煮。
❺牡蛎不焯水，直接用少量的煮切酒翻炒，然后溶入❹继续炒制。
❻步骤❺的汤汁倒入别的锅中，然后再次加入❹，使其呈黏稠状，加入❸染成绿色。放入步骤❺的牡蛎，将其表面蘸满酱料。将❶加热，与❷一起装盘。添加香橙丝。

赤贝（魁蚶）

炊菜

难波葱煮赤贝
　　葱白丝、花
椒粒

割鲜

格纹生赤贝
　　裙带菜卷、赤
贝内脏、防风、
蛋黄醋

寿司

香橙味赤贝茶
巾寿司
　花椒嫩芽蛤
蜊茶巾寿司、
红白独活结、
吉野醋

醋物

赤贝薯蓣丸
　薯蓣素面、石莼、
水培山葵、汤醋

赤贝（魁蚶）

赤贝变成高级食材后反倒不太好处理了

赤贝栖息在北海道南部到九州地区10~50米深的海底淤泥中，虽然外壳已经被漆黑的淤泥弄脏，但一开口，肉质还是呈鲜艳的红色。味道非常鲜美，最适合生吃，尤其是制作寿司时不可或缺的美味。

古人的菜单中有记载，将煮熟的赤贝肝脏研碎，加入味噌、酱油混合均匀，然后放入赤贝，制作成"肝脏拌赤贝""味噌渍赤贝"，甚至是"鱼糕"；过去的大阪也有将赤贝与难波葱一起炖汤，或者蘸酱烧烤的做法。但是现在因为产量非常少，赤贝已经变成了高级食材，可制作的料理的范围也变小了，真是让人扼腕叹息。赤贝的同类中有一种叫作猿颊贝（齿缘舟蚶）的贝壳，体形比赤贝小，味道也略逊色，但是通过养殖产量很高，所以无论是煮汤还是烧烤都可以用这种贝壳先将就着了！

赤贝的血液中含有一种叫作血红蛋白的成分，所以肉质呈红色。数年前在大阪湾，赤贝也曾久违地大量涌现。日语中描述贝壳类的繁殖会使用"湧く"（涌现）这个词。渔民一味地捕捞赤贝，连繁殖中的种贝都被捕捞殆尽，到了第二年产量自然大幅下降，实在是令人遗憾。

赤贝

炊菜

难波葱煮赤贝
    葱白丝、花椒粒

❶难波葱（叶葱）的叶与茎切分，放入二番汁、淡口酱油、甜料酒烧制。等到葱叶变色就捞起，迅速冷却。葱茎煮透，捞出稍稍冷却，然后缠绕上葱叶，放回汤汁中浸泡。

❷大粒的赤贝切开，去除外套膜。赤贝肉一切为二，直接连肝脏一起用水清洗。在贝肉上用菜刀划出格子形刀纹。

❸将❶用大火加热后切开，盛入容器中。汤汁中加入花椒粒、赤贝肉，大火煮至汤汁减少至原来的七成左右，使其味道更浓厚。不要将食材煮得过老，迅速装盘，上面撒上葱白丝和七味辣椒。

割鲜

格纹生赤贝
    裙带菜卷、赤贝内脏、防风、蛋黄醋

❶赤贝切开，去除外套膜。赤贝肉一切为二，取出内脏，焯水。

❷裙带菜水煮后，一片一片展开。独活如同卷轴般环切成一长片。

❸独活片与裙带菜卷成螺旋状，然后切成一口的大小。

❹蛋黄中加入米醋、盐、砂糖调味，隔水蒸，制作成蛋黄醋。

❺赤贝肉用菜刀划出格纹，与内脏、外套膜一起装盘。先稍稍浇上一点土佐醋，再浇上蛋黄醋，用防风做装饰。

寿司

香橙味赤贝茶巾寿司
    花椒嫩芽蛤蜊茶巾寿司、红白独活结、吉野醋

❶赤贝切开，去除外套膜，赤贝肉一切为二，掏出内脏。贝肉与外套膜用盐揉搓后，用水清洗干净，擦去水分。表面用菜刀斜切出细密的格纹。外套膜和内脏用于其他料理中。

❷取与赤贝肉的一半差不多大小的蛤蜊切开，连同内脏一起稍稍用酒煎煮，擦干汤汁。

❸蛤蜊的外套膜用刀细细切碎，与切碎的花椒嫩芽一起混入寿司饭中。寿司饭搓成团，步骤❷的蛤蜊如茶巾般包裹在饭团上。

❹寿司饭中混入香橙末，按照与❸同样的方式，用❶制作茶巾寿司。

❺凉白开和醋按照4:6的比例混合，放入昆布浸泡。独活切成细细的长条，泡成红白两色，分别打结。

❻将❸❹一起装盘，用刷子刷上吉野醋，使其色泽鲜艳。用红白两色的独活结、花椒嫩芽做装饰。

醋物

赤贝薯蓣丸
    薯蓣素面、石莼、水培山葵、汤醋

❶用佛掌薯蓣制作黏稠的薯蓣泥。不加任何汤汁，只稍稍调味。

❷赤贝事先做好处理，贝肉切出唐草式纹样。外套膜切成小碎块，混入❶中。

❸赤贝内脏焯水，用步骤❷的薯蓣泥包裹成丸子状。均匀撒上葛粉，然后拍去多余粉末后，焯水。

❹将薯蓣切成10厘米长的薯蓣素面，洒上加盐的昆布水。

❺米醋和昆布水按照4:6的比例混合，加入少量甜料酒、盐、淡口酱油调味成喝的汤，小火慢炖。沸腾前熄火，加入金枪鱼干薄片，10分钟后过滤。

❻石莼用少量步骤❺的汤汁浸泡。

❼容器中倒入❺，放入❸，盛入步骤❷的唐草赤贝。撒入❹❻和水培山葵。

烹饪中的上野修三氏（拍摄于一心寺研修会馆）

其他鱼类的菜谱集

44种

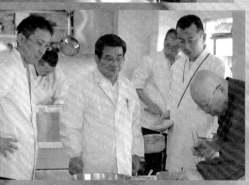

栉江珧

关西地区提起贝柱的话，不管是谁都会想到栉江珧。栉江珧属于羽帚贝科的双壳贝类，外壳漆黑，像一顶长长的黑帽子，栖息在东京、伊势、濑户内海、九州地区。栉江珧尤其以像小金币形状的厚厚的贝柱而出名。

●栉江珧的烧霜刺身　春

❶打开栉江珧的壳，用金属刮刀将贝柱铲下来清洗。去除薄膜，竖着切成半月形，撒淡盐静置30分钟左右。切口朝下，不留空隙密密排好。

❷用两根铁钎穿成串，大火烘烤表面。这样的话，贝柱紧贴在一起的部分还是半生的状态。将贝柱从铁扦上取下，分别切薄片。

❸春黄瓜如同卷轴般环切成一长片盛入盘中，然后在其上放上❷。刺身酱油中溶入酒糟，搭配山葵一起食用。

●海胆烤栉江珧肉饼　春

❶预先处理好栉江珧，外套膜、贝肉和一部分贝柱绞成肉泥。

❷步骤❶的肉泥与鳕鱼泥按照10:3的比例混合，用滤网研细，加入颗粒状海胆调味。

❸步骤❷的混合肉泥中加入贝柱丝和焯水的百合根，摊成1.5厘米厚的肉饼，用平底锅煎。海胆干溶解在蛋黄中，然后将其涂在肉饼上，用烤箱烘烤。

●海参子烤栉江珧　春

❶海参子的干货用酒泡软，然后磨成泥，与蛋黄混合。

❷栉江珧的贝柱一切两半，撒淡盐腌制5~6小时。

❸穿成串用大火烤制，然后涂上❶用小火继续烘烤。

❹与蛋黄烤薯蓣等一起装盘。

●酒盗煎栉江珧　春

❶酒盗用酒浸泡，使其香气和味道渗透入酒中。

❷栉江珧竖着切成4瓣，片成5毫米的薄片。煎至半熟装盘，浇上煎制时产生的汤汁，上面再放上青葱的丝。

●栉江珧的春菜沙拉　春

❶油菜花、甘草芽焯水，使其颜色更加鲜艳，然后浸入昆布味的盐水中。春独活切成短条，生菜切丝。

❷栉江珧的贝柱切成4瓣，再切成薄片。用酒煎后，迅速冷却，与❶一起装盘。四处撒上咸鲣鱼子，浇上橘酸橄榄油酱油，最后撒上切碎的花椒嫩芽。

（译者注：春菜，可食用的春季发芽的草本植物。）

马苏大马哈鱼

鲑科鱼类，每年会因为产卵从大海逆流而上返回河川。在河流中完成繁衍后并不会返回大海，而是就此结束一生。据说马苏大马哈鱼也有两条雄鱼结成一对的情况。

●盐腌马苏大马哈鱼生鱼片　春

❶马苏大马哈鱼分割成 3 片，去除小刺，撒淡盐冷冻一晚。自然解冻，用柑橘醋清洗，用脱水薄膜包裹脱水后，切片。
❷足量的萝卜泥、水芹末与山葵混合，然后将其加入刺身酱油中，调和味道。马苏大马哈鱼的生鱼片充分蘸取此混合酱油食用。

●虽然做成生鱼片很美味，但有感染寄生虫的风险。

●马苏大马哈鱼的生寿司　春

与鲐鱼、鲹鱼一样的做法。

●马苏大马哈鱼的花椒嫩芽寿司　春

寿司饭中加入切碎的花椒嫩芽，饭上放上马苏大马哈鱼，握成棒状寿司。

●根据喜好，外层用醋渍独活片、烤海苔包裹也不错。

●马苏大马哈鱼的春节烧　春

❶米曲用温水（人体温左右）泡发，与其两倍分量的寿司饭混合静置一晚。
❷马苏大马哈鱼分割成 3 片，去除腹骨、小刺，撒上烤鱼味的盐，静置一晚，然后放入❶中腌渍 3 日。
❸蛋白酥皮中加入白色米酒和盐调味。
❹将❷穿成串烧烤，稍稍涂上❸继续烘烤。

●马苏大马哈鱼的咸味清汤　春

与鲷鱼一样的做法。

●马苏大马哈鱼的咸辣腌酵物　春

马苏大马哈鱼去除内脏和脂肪，胃和肠抖出其中的污物，撒重盐腌制 3 日。然后用水清洗，用刀切碎，放入酒中浸泡 1 小时。去除水分，调整味道。放入昆布和辣椒，密闭腌制。1 个月左右即可食用。

蝾螺

日本几乎所有海域的水深 10 米的海底岩石地带，都能发现蝾螺的身影。过去一直如鲍鱼一般做成干货使用，但是生吃味道也不错。带壳烤蝾螺是最常见的做法。

●蝾螺的醋物　春

❶平底锅中倒入热水，直至淹没蝾螺的尾部。因为热度，蝾螺肉会猛然弹出，将其拔出。切除肝脏，摘去砂囊。

❷蝾螺肉焯水后迅速用冷水冷却。直接将生螺肉洗净切薄片，与切成方片的生独活等一起放回蝾螺壳中。然后插在碎冰块上摆盘。

❸搭配山葵酱油、醋酱油或者橙汁酱油食用。

●花椒嫩芽烤蝾螺　春

❶白味噌和田舍味噌按照 7:3 的比例混合，加入蛋黄和一点点砂糖。花椒嫩芽用研钵研碎，制作花椒嫩芽味噌。

❷竹笋切小块，炖汤，调味。

❸从蝾螺壳中取出蝾螺肉，切小块后放回壳中。然后再往壳中添加步骤❷的竹笋和汤，以及少量的酒，放在火上烤一会儿。涂上花椒嫩芽味噌后用烤箱烘烤。

●用作女儿节的料理非常不错。

（译者注：日本的女儿节是每年的 3 月 3 日。）

●海苔拌蝾螺　春

❶从蝾螺壳中取出蝾螺肉，切薄片后用酒煎。

❷肝脏焯水，粗粗捣碎。

❸芋头芽或者鸭儿芹放入八方汁中浸泡。

❹步骤❶的酒煎蝾螺剩下的汤汁加入刺身酱油中，烤海苔揉碎后也撒入其中，加入步骤❶的蝾螺肉和❷❸。

飞鱼

正如其异名"燕鱼"一样，飞鱼拥有如同羽毛般长长的胸鳍，可以飞越水面。此外，飞鱼也有"下颌鱼"的绰号，因为小鱼苗的下颌非常长，这也是为什么飞鱼是针鱼的近缘种。但是，长成成鱼后，长长的下颌就消失了。

●沙丁鱼干酱烤飞鱼　春秋

❶选取较大只的飞鱼，由胸鳍下方切下头部，去除内脏。分割成 3 片，去除腹骨，小刺。

❷取小沙丁鱼干 500 克、酒 1 升、浓口酱油 1 升混合，放入昆布浸泡一会儿。小火慢炖 30 分钟后，冷却并过滤。过滤后的汤汁中加入甜料酒，制作幽庵酱汁。将❶放入其中浸泡一晚后风干。

❸鱼肉表皮划上刀口，两端卷起，穿成串烧烤。

●浸泡过❶的腌渍汁也可用于其他料理。过滤剩下的小沙丁鱼干，与昆布、款冬等做成甜煮海鲜也不错。

●橙汁渍飞鱼生鱼片　春

❶去除分割成 3 片的飞鱼的小刺、腹骨，去皮，撒重盐静置 1 小时。洗去盐分，抹上橙汁，静置 10 分钟后擦干。用脱水薄膜包裹两小时左右，切成生鱼片。

❷选取当季的时蔬搭配生鱼片。搭配生姜酱油和山葵酱油食用。添加少量甜料酒的橙汁酱油中撒入芝麻碎和生姜碎也可以。

●飞鱼豆腐皮清汤　春

❶切下飞鱼的头部，与中骨一起干烤，不要烤焦，然后晒干。

❷昆布用水浸泡，制作昆布水，加入❶炖汤，注意不要煮沸腾。加入少量鲣鱼干，之后过滤，做成混合鱼汤。

❸飞鱼的鱼肉均匀撒上葛粉，然后拍去多余粉末后，放入开水中。添加生豆腐皮、生香菇、鸭儿芹等自己喜爱的蔬菜。步骤❷的鱼汤中加入淡口酱油调味，倒入碗中。

海胆

海胆在日语中可以写作"海胆"，也可以写作"海栗"。养老二年（718）的文献中海胆就以"甲赢"的名字出现了，由此可见海胆食用历史之久远。

●海胆刺身与薯蓣丝　春

❶制作薯蓣丝。先用两边都是薄刃的小刀将薯蓣片成特别薄的薄片。将薄片整齐摆在一起，用棉布针固定在砧板上。切成丝状，洒上盐水静置。

❷选取优质的海胆与❶一起装盘。装入海胆的刺壳中也可以。

●杂色鲍壳烤海胆　春

杂色鲍的贝壳用作盛放海胆的容器，放入海胆后，上下都用火烤制。用刷子刷上少量酱油继续烘烤。

●颗粒状海胆碾成泥，与蛋黄、酒、特别少量的蛋黄酱混合，涂上这种酱料烧烤也不错。

●油炸海胆薯蓣　春

❶佛掌薯蓣研成泥，滴入特别少量的米醋，去涩。放入冰箱冷藏，使其变硬。

❷干海苔切成4块，在上面放上❶。薯蓣泥中间留出一个小坑，放入海胆，然后包成一口的大小。海苔的4个角向上揪起，包住薯蓣泥，下锅油炸，注意不要让油的热度渗透进海胆中。

❸温热的深口盘子中放入3个左右，注入略带甜味的天汁。搭配萝卜泥和山葵泥食用。

●豆腐蒸海胆　春

❶按昆布水4、浓口酱油1、酒0.5、甜料酒0.5的比例制作酱汁，回锅再加热。

❷嫩豆腐放入容器中蒸热，然后放上海胆，再盖上切成3厘米长度的鸭儿芹。然后用❶冲洗加热，直到海胆变得温热，鸭儿芹的颜色稍稍有所变化。

❸添加海苔末、山葵等香辛料食用。

鸟贝

鸟贝从很久以前开始，就以出产于伊势湾、大阪湾、濑户内海的最为美味，特别是在制作大阪的箱形寿司时，鸟贝更是不可或缺的材料。

●梅肉酱汁烤鸟贝　春

❶制作甜口的烤鱼酱汁，咸梅干捣碎后加入其中。

❷打开鸟贝，去除泥沙和鳃，轻轻清洗后，擦干水分。

❸大火烧烤，然后浇上❶继续烘烤，注意不要烤焦了。

●鸟贝刺身与独活　春

❶打开鸟贝，用60℃左右的昆布水焯水，擦干水分。

❷三岛独活（大阪、北摄的三岛产）切成较厚的短条，与鸟贝一起装盘。

❸添加山葵。搭配添加了芝麻碎的刺身酱油，或者混入了梅肉泥的刺身酱油食用。

●搭配辣椒醋味噌食用时，可以添加生水芹末等。

●鳕鱼泥烤鸟贝　春

❶昆布水中加入少量酒，加热至60℃左右。放入打开的鸟贝，点火加热，迅速焯水清洗后捞出。剩下的汤汁备用。

❷鳕鱼泥用步骤❶的汤汁稀释。添加蛋黄和盐。然后放入鸟贝的外套膜和肝脏。

❸步骤❶的鸟贝的内侧撒上淀粉后涂上❷。平底锅中倒入太白芝麻油加热，然后放入刚才的鸟贝煎炒。

❹黄色蛋黄酱中加入淡口酱油调味，放入切碎的花椒嫩芽混合均匀。然后涂在❸的表面，放入烤箱烤制。

●芝麻白醋浇汁鸟贝　春

❶裙带菜煮熟后切丝。

❷珊瑚菜的叶与茎分离。茎焯热水，放入按照凉白开3、米醋7的比例混合的甜醋中浸泡。

❸鸟贝做好预先处理（参考梅肉酱汁烤鸟贝的步骤❷），与❶一起，放入步骤❷的甜醋中清洗后装盘。

❹豆腐、芝麻糊、米醋、砂糖混合调制成柔和的芝麻白醋，然后浇在鸟贝上。

蚬

蚬大致可分为利根川和宍道湖的大和蚬、琵琶湖的濑田蚬、山地溪流的真蚬这几种。真蚬是胎生类贝壳，颜色黑中带绿。淀川系的大和蚬的黄色放射状条纹特别显眼，所以也被称为"大阪黄金蚬"。大阪黄金蚬的渔获量非常少，味道也是非同一般。

●樱色油炸道明寺饭拌蚬肉　春

❶水中加入少量的酒，点火加热，锅中贝壳开始张口时熄火。盖上锅盖闷一会儿，然后将蚬去壳。

❷道明寺干饭放入步骤❶的汤汁中浸泡，使其呈樱花粉色，添加盐、淡口酱油、少量的甜料酒调味。放入昆布和盐渍樱叶浸泡。

❸盐水煮熟的百合根与❶一起放入❷中，然后团成咸梅干大小的饭团。撒上小麦粉，裹上蛋清，再蘸上一层樱花粉色的熟糯米粉，下锅油炸。

●用难波葱做成炖菜也不错。

●洋材味噌煮蚬肉　春

❶球子甘蓝用昆布水炖煮。

❷步骤❶的汤汁中加入酒，放入蚬煮至开口，然后去壳（汤汁留待备用）。蚬肉与球子甘蓝一起用少量的黄油煸炒。

❸步骤❷的汤汁溶入白味噌，添加蛋黄、生奶油，文火慢炖。放入煸炒过的球子甘蓝和蚬肉继续炖煮。添加八方汁煮的水芹等蔬菜也不错。

●难波葱凉拌蚬肉　冬

❶锅中放入水和少量的酒，蚬子吐过泥沙后放入锅中，点火加热。贝壳开口后熄火，盖上锅盖闷一会儿，然后去壳取肉。

❷难波葱的茎用步骤❶的汤汁炖煮，然后与蚬肉一起随意切块。

❸将难波葱的叶放入汤汁中炖煮。迅速冷却，研成泥。

❹制作芥末醋味噌，混入❸做成绿色的醋味噌。加入❶❷。

●豆腐团蚬子汤　春

❶卤豆腐挤去多余水分，用滤网研成泥，与薯蓣泥混合，制作成油炸豆腐团的基底。

❷八尾产的嫩牛蒡，根茎分离分别煮熟。根切成比其横截面薄的薄片，加入❶中。团成豆腐团上锅蒸熟，然后再用味噌汁炖煮。

❸嫩牛蒡的茎细细切丝，用味噌汁煮熟。

❹碗中盛入❷❸，注入用蚬子汤制作的白味噌汁，然后撒上水溶芥末。

颌须鮈

正如颌须鮈也叫作"寒颌须鮈"一样，颌须鮈经常出现在冬季的料理中，但是春天带子的颌须鮈也让人难以忘怀。

●大豆煮小鱼　春

❶清洗大豆，与昆布一起放在水中浸泡一晚，然后就这样直接点火炖煮。

❷选取小只的颌须鮈，并排摆放，如竹筏般穿成串，上火干烤。放入锅中。

❸另取别的锅，按照酒3、浓口酱油2的比例放入调料，煮沸后倒入步骤❷的锅中，然后点火炖煮。煮沸后，倒入❶，添加砂糖、甜料酒调味，一直将锅中汤汁煮干为止。

●白板昆布卷小颌须鮈　春

❶小颌须鮈如竹筏般穿成串上火干烤，然后用制作小船寿司的白板昆布卷起来。

❷锅中放入同等比例的酒和水，放入❶炖煮，直至煮软。加入少量咸梅醋、淡口酱油、砂糖、甜料酒调味。

●干烤带子颌须鮈　春

带子颌须鮈从尾巴一侧插入铁扦穿成串，小火烤制。烤熟后，将鱼头朝下竖起铁扦，鱼头烤焦会散发出诱人的烤鱼香气。搭配顺滑的芥末醋味噌食用。

●照烧带子颌须鮈　春

❶带子颌须鮈如竹筏般穿成串。大豆酱油、浓口酱油、酒、砂糖、甜料酒混合熬制成酱料，在鱼串上刷3遍，上火烤制，撒上花椒嫩芽末。

❷另取小碟盛放土佐醋。

●带子颌须鮈万年煮　春

❶宽底的锅中铺上一层划出裂口的竹笋皮，中间放上一个空瓶，空瓶周围将干烤的颌须鮈成放射状摆放。盖上一层撕成细丝的竹笋皮，然后再放上一层颌须鮈。抽掉瓶子，盖上比锅内径小一圈的小锅盖，然后压上重石。

❷锅中放入等比的水和酒，直至将颌须鮈淹没。点火炖煮，直至鱼骨煮软。用大豆酱油、浓口酱油、砂糖调味，中途溶入糖稀。

❸水分煮干时，取下锅盖，滴入少量的赤梅醋。抽掉瓶子后中间留下的空洞中倒入残余的汤汁，一道色香味俱全的炖菜就完工了。

鲫鱼

冬日的寒鲫不仅垂钓起来妙趣十足，味道也很不错，做成冷鲜鱼片、烤鱼都是不错的选择。春天的带子鲫鱼可以说是珍宝了。

●南蛮照烧小鲫鱼　秋冬

10~12 厘米长的小鲫鱼，直接带鳞片从背后切开，去除内脏。风干后，下锅油炸，然后一边刷上烤鱼酱汁一边烧烤。撒上花椒粉非常不错。

●韭黄凉拌鲫鱼　冬春

❶鲫鱼分割成 3 片，去皮。先用清水洗一遍，再用盐水洗一遍，然后擦干水分。放入冰箱冷冻一晚，然后自然解冻，用脱水薄膜包裹脱水。
❷韭黄或者山形产的胡葱新芽煮至变色。
❸制作芥末醋味噌，与切成条的❶和❷搭配。

●如果鱼白的话，切小块，用水清洗，然后用盐水煮，与上面的食材搭配在一起也不错。

●糖煮带子鲫鱼　春

❶切开带子鲫鱼，小心取出鱼子。分割成 3 片，去除小刺。表皮用热水冲洗，然后迅速冷却。
❷以鱼子和生姜丝为芯，鱼皮一侧朝里，卷成卷，用竹皮带绑好，上火干烤。
❸划出裂口的竹笋皮铺在锅中，放入❷，倒入水和酒，直至淹没，点火烧制。用浓口酱油、大豆酱油、砂糖调味。充分入味后，加入糖稀，继续将汤汁煮干。

●油炸鲫鱼丸子味噌汤　春

❶鲫鱼分割成 3 片，中骨和鱼白备用。鱼身绞成肉泥，鱼白用水清洗后用滤网碾碎成泥，二者混合，再加入青葱末、鸡蛋、佛掌薯蓣泥、少量白味噌。搓成丸子，下锅油炸，再用开水冲洗，去除多余油分。
❷中骨干烤后，放入昆布水中，熬汤。按照白味噌 7、赤味噌 3 的比例添加味噌酱，制作成味噌汤。
❸步骤❶的鱼丸放入❷中炖煮。添加斜削成小薄片的牛蒡和切成末的鸭儿芹。

玉筋鱼

玉筋鱼口中没有牙齿，水温一旦超过 19℃，玉筋鱼就会进入夏眠状态。

●酱油煮玉筋鱼　春

❶玉筋鱼用盐水清洗，用竹篓捞出，充分沥干水分。

❷锅中倒入与玉筋鱼相同重量的浓口酱油，添加少量的酒，点火加热。烧开后放入玉筋鱼，添加酱油十分之一量的砂糖，一直煮到汤汁收干。

●八尾牛蒡田乐酱烤玉筋鱼　春

❶选取新鲜的较大只的玉筋鱼，切去头尾，八尾的嫩牛蒡也切成同样长度。玉筋鱼 3 条，嫩牛蒡 1 根组成一组，用细铁扦穿好。

❷牛蒡的茎切剩下的边角料继续切碎，用油翻炒，然后添加赤汁味噌、酒、砂糖熬制成酱。中途放入芝麻碎和鲣鱼粉。

❸将❶刷上太白芝麻油烧烤，然后涂上❷继续烘烤。

●海胆烤玉筋鱼　春

❶玉筋鱼撒淡盐，腌制 5~6 小时，然后风干至半干的状态。如竹筏般整齐排好，穿成串。切去头尾，统一长度。

❷海胆粉用滤网研细，加入用少量的酒稀释的蛋黄，以及少量的蛋黄酱。

❸将❷涂在❶上，上火烤制。

●玉筋鱼酱油烤玉筋鱼　春

玉筋鱼如竹筏般穿成串。玉筋鱼酱油（鱼酱）、酒、砂糖、甜料酒制作成酱汁，涂在竹筏鱼串上，上火烧烤。

石鲷

石鲷在关西地区也叫作"破须"。幼鱼的体侧有 7 条横条花纹，所以也叫"条石鲷"。条石鲷长成后，条纹就会消失，背部呈暗紫色，腹部呈白色，肉质虽然偏硬，但非常美味。条石鲷的牙齿十分坚固，足以咬碎蝾螺和藤壶等贝类，因此其头部也非常坚硬，但也十分美味。

●石鲷的薄切生鱼片　夏秋

石雕的鱼鳞十分细小，鱼皮又十分坚硬，所以首先用菜刀刮下鱼鳞，再分割成 3 片。薄切成生鱼片，搭配橙汁酱油食用。

●炖煮梅肉石鲷鱼丸　夏秋

❶石鲷的鱼头加水炖煮，直至快要将汤汁烧干为止，淡淡调味。

❷将鱼头上的鱼肉挑出，与牛蒡片、生姜丝混合。鳕鱼泥和山药泥用步骤❶的汤汁稍加稀释，保持其黏稠度，然后搓成鱼丸。

❸步骤❶的汤汁再次烧开，放入❷，添加用滤网碾碎的咸梅干肉。用大豆酱油和砂糖调和味道。搭配一些蔬菜，做成拼盘。

●烧霜石鲷沙拉　夏

❶制作蓼泥。

❷制作橘酸橄榄油酱油。

❸石鲷的鱼皮按照河豚鱼皮的处理方法，焯水，切碎。

❹胡萝卜、黄瓜、生菜分别切丝。

❺石鲷去皮，分割成 3 片，斜切成 1 厘米厚的鱼片，用细铁扦穿好。上火略微烤制，只烤一面，然后迅速用冷水冷却。

❻玻璃制的深盘中满满地混合盛入❹，取 5 片❺叠放在一起，盛入盘中。用切成螺旋状的四季萝卜和独活以及蓼叶尖做装饰。将❶溶于❷中，浇在沙拉上。

●黄油酱油烤石鲷　夏

❶黄油用平底锅加热至焦黄，加入浓口酱油 2、酒 1，制作成焦黄油酱油。

❷石鲷去皮，只留鱼身，切成 2 厘米厚，撒淡盐。蘸上薄薄一层淀粉，涂上一点点太白芝麻油大火烧烤，然后浇上❶继续烤制。七分熟左右最好，注意不要烤过了。

月斑鼠䲟

月斑鼠䲟居住在内湾地区浅沙层的底部，最长可达20厘米。嘴部很小，突出在外，头部却很大。

●油炸月斑鼠䲟　夏

切下月斑鼠䲟的头部，鱼身从头部一侧切分成 3 块，拆下中骨。但是注意，尾巴不要切断，而是连着尾巴，类似松叶形状，下锅油炸。做成天妇罗也不错。

●泉州渍月斑鼠䲟　夏

❶切下月斑鼠䲟的头部，分割成 3 片。撒淡盐，风干至半干状态，下锅油炸。用热水冲洗，去除多余油分。

❷贝冢新洋葱切细，用盐揉搓，然后用水清洗，挤干水分。与❶一起放入土佐醋中浸泡，撒上干辣椒圈。

●贝冢洋葱凉拌月斑鼠䲟　夏

❶刺身洋葱（贝冢早生洋葱）切成 4 块，然后一瓣一瓣地剥下来，竖着切细丝，泡入水中清洗。擦干水分。

❷刺身酱油中放入梅肉、酒、甜料酒，制作成梅肉酱油。

❸月斑鼠䲟切条，冷水清洗，擦干水分，与❶混合装盘。搭配步骤❷的梅肉酱油和山葵食用。

●紫苏炖月斑鼠䲟　夏

❶紫苏腌渍的咸梅干用针扎出无数的小孔，然后放入水中浸泡 2~3 小时大致去一下盐分。

❷紫苏稍稍清洗，用刀切碎。

❸月斑鼠䲟去头尾和内脏，清洗干净，上火干烤。

❹用酒和浓口酱油炖煮月斑鼠䲟，放入步骤❶的咸梅干、步骤❷的紫苏，炖煮一会儿。用砂糖、甜料酒调和味道，一直煮到将汤汁收干。

玫瑰大马哈鱼

玫瑰大马哈鱼是琵琶湖的特产，属于鲑鱼科马苏大马哈鱼的同类。马苏大马哈鱼由河川顺流而下，游向大海产卵；而玫瑰大马哈鱼与其相反，由大海逆流而上返回河川产卵。幼鱼时期在湖泊中度过，是非常美味的一种鱼。

●玫瑰大马哈鱼和独活的蓼脍　夏

❶米醋、酸橘汁、昆布水、少量盐、少量甜料酒混合，蓼切碎浸入其中，增加其味道和香气。

❷制作蓼叶泥。

❸玫瑰大马哈鱼分割成 3 片，铲下腹骨，拔出小刺，去皮冷冻一晚。自然解冻，撒重盐静置一晚。用水清洗后，放入淡盐水中（引子盐）浸泡。捞出后浸入❶中。待鱼身充分吸收酱料醋变软后，切成生鱼片。

❹步骤❶的酱料醋中溶入❷，用淡口酱油调和味道，然后浇在生鱼片上。可以将独活切短条用作配菜。

（译者注：引子盐，为使腌制过的酱菜及其他盐腌物容易去掉盐分而在浸泡的水中加入少量的盐。）

●蓼烤玫瑰大马哈鱼　太白芝麻油　夏

❶玫瑰大马哈鱼分割成 3 片，去除腹骨、小刺，撒盐后静置。

❷制作蓼泥。

❸将❶切成一人份，鱼皮划出刀口，穿成串烧烤。蛋白酥皮中加入少量蛋黄和❷，使其变色，涂在鱼身一侧，继续烘烤。

❹将烤鱼盛入盘中，浇上少量的太白芝麻油。搭配上合适的蔬菜。

●裙带菜泥煮玫瑰大马哈鱼　夏

❶玫瑰大马哈鱼的鱼头连着镰状鱼骨切下，与中骨一起抹上重盐静置 5~6 小时，然后去除盐分。

❷裙带菜煮软，用滤网碾碎成泥。

❸独活去皮焯水，然后炖汤。

❹中骨用昆布水炖煮，做成玫瑰大马哈鱼汤。

❺步骤❶的鱼头去除盐分后，焯水后迅速用冷水冷却，然后放入❹中炖煮。添加酒，调和咸淡，溶入❷勾芡。

❻添加步骤❸的独活装盘，撒上花椒嫩芽。

●盐烤玫瑰大马哈鱼头　夏

❶玫瑰大马哈鱼头多连着一点鱼身切下，撒盐腌制 4~5 小时。

❷淡口酱油 1、煮切酒 1、米醋 0.5、酸橘汁 1、甜料酒 0.5 按比例混合。

❸制作蓼泥。

❹将❶上火烤制，❷中加入❸，浇在烤鱼头上。

拉氏鰤

拉氏鰤与五条鰤非常像，但是拉氏鰤身体较细，侧面有鲜艳的黄线。五条鰤的旬是冬季，而拉氏鰤与其相反是夏季。

●蓼醋味噌佐拉氏鰤冷鲜生鱼片　夏

❶制作蓼泥。

❷白味噌和田舍味噌混合后研细，添加米醋、砂糖，制作口味柔和的醋味噌。

❸白芋去皮，切成薄薄的圆片，泡入水中去涩。

❹断筋活杀的拉氏鰤斜切成生鱼片，用冷水清洗，用冰水冷却，擦去水分。用❸和紫苏花穗做搭配。

❺搭配加入❶的❷制作而成的蓼醋味噌食用。

●梅肉酱烤拉氏鰤鱼头　夏

❶烤鱼酱中加入梅肉和甜料酒，然后用米汤勾芡。

❷拉氏鰤的鱼头穿上铁扦，浇上❶烧烤。

❸盘中盛入❷，然后再涂上一遍❶，上面撒上嫩姜丝。搭配合适的蔬菜。

●浅烤拉氏鰤多重鱼片　夏

❶撒了淡盐的拉氏鰤的鱼身平切成1厘米厚的生鱼片，叠放在一起。薯蓣切成半月形，切3片。将3片薯蓣夹在4片生鱼片之间，轮流叠放。两端用萝卜夹住，插入4根铁扦将其固定好。大火烧烤，烤

至表面焦黄。

❷拆下萝卜，将烤鱼片盛入盘中，撒上芝麻碎，顶部放上独活丝。倒入少量的柠檬醋。

葫芦鲷和胡椒鲷

葫芦鲷和胡椒鲷的身形、长相都很相似，但仔细观察的话还是有区别的。胡椒鲷鱼如其名，身上如同撒了胡椒粉一般布满细密的花纹；而葫芦鲷则是颗粒状的花纹。最近很少能捕获到葫芦鲷和胡椒鲷，但无论哪种，其旬都是从立夏前18天开始算起的一个月。它们是肉质稍硬但很美味的鱼类，鱼头非常坚硬，如果烧烤的话，很难剔下鱼肉，所以更适合蒸煮。

●平切生鱼片和风干黄瓜　夏

❶葫芦鲷和胡椒鲷都是肉质紧致偏硬，所以要使用活鱼制作生鱼片。

❷黄瓜、越瓜等切成细细的荞麦面状，放入淡盐水中浸泡，然后稍稍风干。

❸添加柠檬醋酱油。香辛料除了紫苏芽、山葵外，使用芝麻碎等也可以。

●冷汤盖饭　春

❶赤汁味噌和田舍味噌混合研细，在铝箔上薄薄涂上一层烧火烤制。然后将这层烤味噌酱刮下来留待备用。

❷制作昆布水。

❸中骨和鱼头等用火干烤，然后剔下鱼肉，磨成鱼泥，与薯蓣泥混合。

❹剩下的鱼骨放入❷中炖汤，溶入❶，制作口味较浓的味噌汤。将此味噌汤加入❸中，使其呈黏稠状，然后冷却。加入切丝的裙带菜和海蕴也不错。

❺浇在热腾腾的米饭上，撒上青海苔粉等。

●蓼醋油佐贝冢洋葱蒸拉氏鰤　春

❶鱼身撒盐，切成 1.5 厘米厚的平切生鱼片，中间夹上新洋葱切的圆片，然后倒上酒，上锅蒸。

❷橘酸橄榄油酱油中加入蓼泥，做成蓼浇汁，然后将此浇汁浇在❶上。搭配合适的蔬菜。

●鱼糜盖饭　春

❶佛掌薯蓣磨成泥，滴入一滴醋去涩。

❷中骨上剔下的鱼肉、做刺身后剩下的边角料等集中起来，大致切碎，用酱油腌制。

❸用步骤❷的腌制酱油给❶调味，然后放入❷混合均匀，盖在热腾腾的米饭上，撒上青海苔粉或者海苔碎，添加山葵。

高体鲕

高体鲕渔获量虽然不多，但肉质紧密非常美味。高体鲕的鱼头十分美味，鱼贩一般不卖，而是留给自己家里吃。

●高体鲕平切生鱼片　夏

❶高体鲕分割成 3 片，取出腹骨，切下背腹交接处暗红色鱼肉。撒淡盐，用脱水薄膜包裹两小时后，在米醋中过一遍。然后切成 5~6 毫米厚的平切生鱼片。

❷黑门越瓜薄薄削去一层皮，然后竖着切成 4 块，取出瓜子。划上刀口，注意刀口不要比横截面深，两端切去 2 厘米左右。放入盐水浸泡，然后挤干水分装盘。

❸柠檬醋酱油中加入浓口酱油和少量甜料酒，搭配山葵食用。

●醋炖高体鲕鱼头　夏

❶高体鲕的鱼头撒盐，静置 4~5 小时，然后焯水，用冷水冲洗，去鱼鳞和脏污。

❷锅中倒入等比的昆布水和酒，沸腾后放入❶，再次沸腾时将火关小，加入淡口酱油和甜料酒调味。汤汁快要煮干时，加入少量米醋。等到再次沸腾时熄火，挤入酸橘汁。

❸盛入容器中，酸橘的皮擦成泥浇在上面。也可以添加生姜泥。

●盐烤高体鲕　夏

高体鲕切薄片，用细铁扦穿成串，撒盐调味。大火烤至表面发白，搭配蓼醋食用。

●高体鲕撒盐后，也可以做成若狭烧烤。

（译者注：若狭烧烤，一种烤制撒盐腌制后的鱼肉的方法。烤好后会在鱼皮上涂上酒，或者酒与酱油混合调制的若狭酱料，继续烘烤。并且这种烤鱼方法不去鱼鳞，烤好后连着鱼鳞一起吃下去。）

●鱼汤　夏

❶高体鲕的中骨抹上重盐，腌制 5~6 小时。放入水中清洗，去除多余盐分。放入昆布水中炖汤，注意不要烧沸腾。

❷步骤❶的汤汁中放入盐腌过的鱼肉，点火烧开。加入酒和盐调味。添加独活、花椒嫩芽等搭配食用。

红点鲑

鲑科淡水鱼类，栖息在鸟取和三重以北的河川上游地带。俗话说，香鱼游不上去的地方栖息着马苏大马哈鱼，而马苏大马哈鱼游不上去的上游地带则栖息着红点鲑。红点鲑有着如同鳗鱼般强力的移动方式。红点鲑用火慢慢烤干，然后注入烫酒而成的"红点鲑酒"可是讲究的美食家的心头好呢。

●红点鲑的蓼醋脍　夏

❶选取较大只的红点鲑分割成 3 片，拆下腹骨，撒重盐静置一晚。用水清洗后，放入淡盐水中（引子盐）浸泡以调节盐分，然后用米醋清洗。

❷用蓼叶制作蓼泥。茎留待备用。

❸昆布水 7、米醋 3、甜料酒 0.5、盐少量，按比例混合，蓼的茎和叶也切碎后加入其中。将此腌渍汁倒入大方盘中，铺上一层油纸，然后在油纸上整齐摆上❶，浸泡至红点鲑充分吸收了蓼的香气和味道为止。

❹步骤❸的红点鲑去皮，切成合适的大小。添加玉造黑门越瓜制作的醋拌瓜片。

❺步骤❸的腌渍汁中加入淡口酱油，溶入步骤❷的蓼泥，制作成蓼醋，浇在❹上。

●烤风干的酒盐腌渍红点鲑　夏

❶红点鲑从背部切开，撒盐腌制 5~6 小时后，再洒上酒静置 10 分钟左右，然后风干。

❷酒 5、淡口酱油 1、甜料酒 0.2 按照比例混合。

❸蓼用刀切碎。

❹步骤❶的红点鲑用小火慢慢烤干，然后浇上❷继续烘烤。

❺盘中盛入❹，洒上少量的❷，四处撒上❸。适当添加配菜。

●盐烤红点鲑　夏

去除红点鲑的鳃和内脏，撒盐腌制 5~6 小时。只在尾鳍撒盐，上火烤制，添加酸橘汁。

●红点鲑的握寿司　夏

用红点鲑的蓼醋脍和寿司饭捏成握寿司。用马苏大马哈鱼的鱼子酱等做装饰。

烟管鱼

烟管鱼是一种没有鱼鳞、呈长长的圆筒状并且嘴部长着长长的管状口器的奇妙的鱼类。它的鱼肉没有腥味，出乎意料地好吃。烟管鱼有红色和蓝色两种，红色的味道更好。

●烟管鱼斜切生鱼片　夏

切下烟管鱼的鱼头，抽出内脏，鱼体分割成 3 片。取出腹骨，鱼皮部分迅速用开水冲洗，然后冷却，擦去黏液，斜切成生鱼片。搭配山葵酱油食用。焯水后冷却，搭配芥末醋味噌食用也不错。

●盐烤烟管鱼　夏

烟管鱼分割成 3 片，撒重盐烧烤，搭配蓼醋食用。

●鳕鱼子烤烟管鱼　夏

烟管鱼撒盐腌制 5~6 小时后烧烤。涂上鳕鱼子、蛋黄、蛋黄酱后继续烘烤。

●清汤烟管鱼　夏

❶烟管鱼分割成 3 片，撒盐腌制 5~6 小时，斜切成薄片。吉野葛细细磨成粉，均匀抹在鱼身上，然后在砧板上拍打鱼身，使葛粉被吸收。下锅炖煮，用作汤材。
❷烟管鱼的中骨上火干烤，注意不要烤焦。然后放入昆布水中炖汤，注意不要煮沸。加入金枪鱼干然后过滤，用淡口酱油调味，制作成汤底。
❸碗中盛入❶，倒入❷。适当添加蔬菜。

●油炸花椒烟管鱼　夏

❶用赤味噌制作鸡蛋味噌，添加有马产的花椒，制作成花椒味噌。
❷烟管鱼分割成 3 片，然后切成 7 厘米的长度。用菜刀切成两片，中间夹上❶，顶部放上油煎松子，用海苔卷起来，依次裹上小麦粉、鸡蛋、熟糯米粉，下锅油炸。

●田乐酱烤烟管鱼　夏

烟管鱼分割成 3 片，撒淡盐静置，涂上花椒味噌酱（参考"油炸花椒烟管鱼"的步骤❶）上火烧烤。

泥鳅

泥鳅可以时不时将头部探出水面吞入空气，用肠道呼吸，所以淤泥深处也能生存。刚刚捕捞的泥鳅难免会有土腥味，所以将泥鳅放在清水中养2~3日，将泥沙吐干净非常关键。活蹦乱跳的泥鳅处理起来比较麻烦，此时倒入碎冰块，降低其活力，然后如同处理鳗鱼一样将其一切为二，去除中骨即可。

●蒲烧泥鳅蛋汤锅　夏

❶泥鳅贴中骨剖成两片，去除中骨，做成蒲烧泥鳅。

❷制作柳川锅用的小锅中铺上牛蒡片，然后整齐摆上泥鳅，二番汁中加入浓口酱油、淡口酱油、酒、甜料酒，制作成味道较浓的汤汁，将此汤汁倒入锅中，点火烧制。倒入打散的蛋黄，煮至七分熟。撒上切碎的水芹茎和花椒粉。

（译者注：蒲烧，即烤鱼串。将鳗鱼等细长的鱼剖成片状，去除骨头串烤。一说，将鳗鱼整条穿在铁扦上的形状和颜色酷似宽叶香蒲的花穗，故名。）

●味噌贝壳烤泥鳅　夏

❶小只的泥鳅养在清水中，使其吐干净泥沙。

❷酒和二番汁同比混合，上火煮沸，然后放入❶炖煮，直至将骨头煮软。白味噌和赤汁味噌等比混合，溶入锅中，添加砂糖调味。

❸鲍鱼（或者虾夷盘扇贝）的贝壳中铺上一层牛蒡片，浇上步骤❷的味噌汤。上面放上泥鳅，放入烤箱烤制。

●油炸泥鳅　夏

❶二番汁4、浓口酱油1、甜料酒1按比例混合，制作天汁。

❷选取大只的泥鳅切开，焯水去黏液。擦干水分，裹上淀粉，下锅油炸。

❸河虾和溪蟹，以及切成茶刷形状的茄子、青辣椒等，直接下锅干炸。

❹将❷装盘，添加❸，搭配温热的天汁食用。另取小碟满满盛入萝卜泥、生姜、水芹末，用作香辛料。

基围虾

基围虾在濑户内海和四国、九州地区数量较多，体形较大的基围虾身长可达7~8厘米。大阪湾的基围虾以体形较小的居多。基围虾属于对虾类，但跟对虾一点也不像。基围虾味道很好，因为虾壳柔软，所以适合制作连壳整只食用的料理。

●花椒烤基围虾　夏

选取差不多大小的基围虾，切除眼部以上部分。拔出肠线（个头较大的基围虾需要开背），整齐穿上铁扦，浇上酱油料汁烧烤。撒上花椒粉，用花椒嫩芽做装饰。

●基围虾的虾黄脍　夏

❶选取个头较大的基围虾，去壳，用冷水清洗。
❷虾头上锅蒸熟，然后用研磨杵压出虾黄。溶入二杯醋中，然后过滤。
❸白芋去皮，下锅煮熟，注意不要煮变色了。盐水中放入昆布，将白芋浸入其中。
❹将❶❸与配菜混合装盘，搭配❷和山葵食用。

●油炸基围虾寿司　夏

❶使用菠菜制作着色用的绿色上色剂。
❷制作较硬的温泉鸡蛋，取出蛋黄。
❸基围虾去壳，去除肠线，用刀切碎。放入一小撮盐，做成虾肉泥。
❹虾头上锅蒸熟，然后用研磨杵压出虾黄。将❸碾碎混入虾黄中，澄粉和蛋黄混合后也碾碎混入其中，用❶染成绿色。
❺温泉鸡蛋的蛋黄用海苔卷住，然后再包一层生火腿薄片。
❻卷寿司的竹帘上铺上海苔，再铺上一层❹，以❺为芯，卷成寿司卷。下锅油炸后，切分。

●虾黄醋拌基围虾　夏

❶基围虾用少量的昆布水和酒焯一遍，去壳。汤汁留待备用。
❷虾头中的虾黄用研磨杵压出，并用滤网碾碎过滤。田舍味噌过滤后加入其中，再添加蛋黄、砂糖、醋调和味道，然后隔水蒸。
❸豌豆角和豌豆焯水，与❶一起，用❷拌在一起。

黄带拟鲹

黄带拟鲹属于鲹科鱼类，虽然与高体鰤、拉氏鰤很像，但黄带拟鲹的身体呈扁平状，且体侧长有独特的黄色直条花纹，是一种高级鱼类。现大多是养殖的黄带拟鲹，天然的黄带拟鲹产量非常少，所以鱼贩都是偷偷藏起来，只卖给餐厅。

●黄带拟鲹薯蓣卷　秋

❶选取进入死后僵硬状态、肉质略微偏软的黄带拟鲹（比活鱼的味道要好），分割成 3 片，鱼皮朝上平铺在砧板上，切成宽宽的薄片。
❷佛掌薯蓣磨成泥，放入冰箱冷却使其凝固。以此为芯，用❶卷成卷。搭配加了纳豆泥的刺身酱油食用。

● 黄带拟鲹虽然属于鲹科鱼类，但活鱼的肉质偏硬，做成薄切生鱼片时，搭配柠檬醋食用也非常不错。

●爽口梅煮黄带拟鲹　秋

❶芋头芽焯水。
❷黄带拟鲹的鱼身上撒淡盐静置 5~6 小时。
❸鱼皮一侧用大火烤至焦黄。水中放入昆布和酒，放入烤鱼炖煮，用淡口酱油和极少量的甜料酒调味，调成较浓的口味。放入咸梅干和梅醋收尾，添加步骤❶的芋头芽。

●黄带拟鲹、松口蘑、香橙汁　秋

❶酒回锅煮沸，然后将酒 4、淡口酱油 1、甜料酒 0.3 按比例混合。
❷黄带拟鲹的鱼身撒盐腌制一会儿，然后斜切成 1 厘米厚的生鱼片。
❸按照黄带拟鲹的大小选取松口蘑，切成 5 毫米厚的蘑菇片。鱼片与蘑菇片互相错开摆放，用 4 根铁扦穿成串，大火烤制 5~6 分钟。
❹将❸盛入容器中，添加香橙泥，并挤上香橙汁。

●黄带拟鲹的热缩鱼片　秋

嫩豆腐放在昆布上，上锅蒸熟。黄带拟鲹切薄片，如铠甲一般错落堆叠，用大火蒸至鱼肉表面泛白。添加香辛料，搭配柠檬醋酱油食用。

鳗鱼

从《万叶集》中大伴家持的和歌中可以知道，鳗鱼远在奈良时代就已经是人们的盘中餐了，但那时吃鳗鱼还是很小众的事情，人们还会找个治病养生的借口来吃鳗鱼，并且收入中等以上的家庭的餐桌上是不会出现鳗鱼的。现在鳗鱼则是一种高级食材。

●豆腐皮和豆腐蒸鳗鱼　夏秋

❶蒲烧鳗鱼的鱼头，放入用鲣鱼干和昆布浸泡过的水中炖汤，然后过滤，添加浓口酱油、甜料酒、酒调味，磨入葛粉勾芡。

❷豆腐皮撕成适当的大小。

❸偏硬的嫩豆腐挤干水分，用滤网碾碎。与山药泥糅合在一起。添加❷。

❹另取一块嫩豆腐，切成3厘米厚，放在昆布上，豆腐上面再放上蒲烧鳗鱼，上锅蒸，蒸透之前盖上一层❸，然后继续蒸。倒入满满的❶，搭配焯水的鸭儿芹或者水芹，添加山葵泥。

●鳗鱼的大豆包子　夏秋

❶鳗鱼的鱼头和鱼骨刷上烤鱼酱烧烤。

❷大豆清洗干净，与昆布一起放入水中浸泡一晚。大豆、昆布，连同浸泡的水一起上锅炖煮，直至将大豆煮软。用纸巾将❶包起来放入锅中，再次加热，用淡口酱油、酒、砂糖调味。

❸卤豆腐挤干水分，用滤网碾碎，然后加入佛掌薯蓣泥、蛋清，使其黏稠，用步骤❷的大豆汤调味。步骤❷的大豆也加入其中，搓成丸子状。

❹鳗鱼做成蒲烧鳗鱼，切成方块，放在保鲜膜上。

鳗鱼块上放上❸，然后用保鲜膜将其聚拢拧紧实。

❺步骤❷的汤汁中放入二番汁，添加浓口酱油、甜料酒，磨入葛粉勾芡。

❻将❹用小火慢炖，然后揭开保鲜膜盛入容器中，浇上❺。添加葱丝、山葵等食用。

●鳗鱼黄瓜卷醋物　夏秋

❶用毛马黄瓜制作凉拌黄瓜。

❷越瓜如同卷轴般切成一长片，放入盐水中浸泡。

❸蒲烧鳗鱼一切两半，鱼皮一侧朝里，中间夹上黄瓜。用步骤❷的越瓜轻轻卷起，然后切分，浇上土佐醋。

银汉鱼

银汉鱼是原产于阿根廷的淡水鱼类，日语写作"ペヘレイ"，这个单词由西班牙语单词"pejerrey"的发音演变而来，而"pejerrey"在西班牙语中有"鱼中之王"的意思。移居阿根廷的日本人希望祖国人民也能吃到这种鱼，所以在1966年将鱼卵送回了神奈川县，这也是日本第一次知道这种鱼。虽然属于银汉鱼科，但银汉鱼的肉质与沙式下鱵很像。

●银汉鱼薄切生鱼片　秋

❶将菠菜的茎与叶分别焯水，用菠菜叶将菠菜茎卷成细卷，然后切成4厘米左右长度。

❷柠檬醋酱油中添加少量甜料酒，做成甜口的，然后撒上芝麻碎。

❸选取小只的银汉鱼斜切成薄薄的生鱼片，与❶搭配装盘。另取小碟盛入❷搭配食用。

●盐烤银汉鱼　太白芝麻油　秋

❶银汉鱼分割成3片，按照一个人3串左右的分量，将鱼肉切分穿成串，撒盐烧烤。

❷3串一起装盘后，撒上太白芝麻油，添加醋泡生姜嫩芽和柠檬。

●添加盐烤天王寺芜菁也不错。

●香橙味噌烤银汉鱼　秋

❶银汉鱼分割成3片，撒淡盐静置。

❷白味噌和赤味噌混合在一起制作鸡蛋味噌，添加香橙泥和香橙汁。

❸将❷涂在❶上，制作烤鱼串。

●香橙味噌夹心天妇罗　秋

❶银汉鱼分割成3片，然后倾斜菜刀，将鱼身切成两片。两片鱼肉中间夹上香橙味噌（参考香橙味噌烤银汉鱼的步骤❷），用烤海苔堵住切口，做成天妇罗。

❷适当炸一些蔬菜，撒盐食用。

●梅肉炖银汉鱼　秋

❶银汉鱼用水清洗干净，切去头尾，竖着切分，鱼皮表面轻轻划上刀口，焯水后迅速冷却。

❷锅中倒入等比的昆布水和酒，咸梅干用针扎出无数的小孔后放入锅中。慢慢炖煮，直至梅肉的味道渗透进汤汁中，然后放入❶，添加浓口酱油、甜料酒，煮至汤汁烧干。添加生姜丝收锅。添加藕片等一起炖煮，搭配食用也不错。

河蟹

因为在河岸和河口地带较多，所以河蟹在日语中也叫作"码头蟹"。河蟹貌似是大闸蟹的同族，两只蟹钳上密生着如同海藻般的绒毛。味道特别好，但是蟹肉较少，并且还是肺吸虫的中间宿主，所以必须加热处理。

●蟹黄味噌烤河蟹　　秋

❶百合根用盐水煮熟。木耳用水泡发，煮熟后切丝。

❷河蟹清洗干净，洒上酒后上锅蒸熟。揭开蟹壳，取出蟹黄。用赤味噌和蛋黄、酒稀释，然后添加砂糖熬煮，留待备用。

❸躯干的白色柔软蟹壳部分切下，与蟹肉一起放入料理机打碎，然后倒入研钵中仔细研细。添加鳕鱼泥、山药泥、澄粉、蛋黄，揉制均匀。

❹往❸中添加❶混合均匀，塞入蟹壳中，放入烤箱烧烤。涂上❷，继续用烤箱烘烤。添加甜醋渍莲藕、芜菁等。

●河蟹茶碗蒸　　秋

❶芋头芽用萝卜泥和干辣椒炖煮。百合根拆分成片后煮熟，聚生离褶伞（食用菌）用八方汁稍稍炖煮。

❷河蟹清洗干净，上锅蒸熟，揭开蟹壳，去鳃，然后切碎，放入加了鲣鱼干的昆布水中炖煮，用网眼较粗的铁算子过滤。混杂着蟹肉的汤汁用网眼较细的铁算子再次过滤，去除细小的蟹壳。

❸步骤❷的汤汁中加入鸡蛋，制作成茶碗蒸的蛋液。茶碗中倒入蛋液，上锅蒸熟。

❹步骤❷的汤汁中加入葛粉勾芡，倒在茶碗蒸表面。添加焯水的鸭儿芹茎和生姜泥做点缀。

●油炸河蟹春卷　　秋

❶鸭儿芹、胡萝卜丝用盐水煮。

❷裙带菜用水泡发，切丝。

❸"蟹黄味噌烤河蟹"的步骤❸的混合蟹肉泥中，加入切成薄片的香菇和焯水的百合根混合均匀，用春卷皮卷成细卷下锅油炸。

❹二番汁2、浓口酱油1、米醋1、甜料酒1按照比例混合制作成甜醋酱汁，然后放入❶❷，浇在❸上。

❺洒上生姜汁。

短沟对虾

短沟对虾身体较圆润，呈青褐色，虽然属于对虾科，但是条纹很浅。因为短沟对虾的虾足呈红色，所以在大阪也叫"足赤短沟对虾"。

●短沟对虾龙田脍　秋冬

❶短沟对虾去头、去壳，切开背部去肠线。

❷虾头和虾壳用少量的酒煎，汤汁留待备用。从虾头中挤出虾黄，与鳕鱼子混合，添加香橙末和一味辣椒调和味道。

❸步骤❷的汤汁中加入盐和淡口酱油调味。

❹将❶切成一口的大小，蘸满❸静置一会儿，入味后用❷凉拌。

❺选取红叶形状或者有红叶图案的容器，或者将红叶铺在容器中等，然后装盘。也可以添加酸橘汁。

●海胆烤短沟对虾　秋冬

❶颗粒状海胆用滤网碾碎，加入蛋黄和酒稀释。

❷选取小只的短沟对虾制作虾肉泥，加入蛋黄和山药泥使其细腻柔滑，撒一点芝士粉搅拌均匀。

❸选取大只的短沟对虾，只留虾尾，去壳，从腹部切开，撒淡盐。

❹虾头上锅蒸熟，挤出虾黄，混入❷中。

❺步骤❸的虾尾的内侧撒上淀粉，抹上等量的❷。撒上小麦粉，放入平底锅中用油煎。炸好后涂上❶，稍稍撒上青海苔粉，用火烘烤。

●香橙味噌煮短沟对虾　秋冬

❶选取大只的短沟对虾，从眼部开始切去虾头前端，背部浅浅划开，去除肠线。用二番汁、酒烧制。捞出短沟对虾，锅中溶入白味噌，放入香橙泥，再次放入短沟对虾烧制。再次捞出，保留虾足、游泳肢，剥去虾壳，切成两三块。

❷将汤汁熬干，然后添加香橙汁，浇在步骤❶的虾肉上。添加淡煮聚生离褶伞（食用菌）和绿色的蔬菜。

秋刀鱼

秋刀鱼每年7~8月出现在北海道，从铫子海到伊豆、四国地区产卵和越冬，然后再次顺着暖流北上。原来关西地区秋刀鱼的上市时间是从秋季一直到初冬，现在运输流转也方便了，所以夏天也能吃到秋刀鱼。

●秋刀鱼的酸橘汁生鱼片　秋

选取新鲜的秋刀鱼分割成3片，去皮去鱼骨，撒重盐腌制30分钟左右，然后冲洗干净。用酸橘汁浸泡5分钟左右，口感会变得清爽。

●到了11月，大阪田边萝卜就上市了。将此萝卜磨成泥，萝卜的茎叶的芯芽的柔软部分焯热水，使其颜色更鲜艳，然后切碎，加入萝卜泥中，搭配山葵酱油食用，妙不可言。

●樱花季秋刀鱼橙香寿司　秋

❶凉白开3、米醋1、香橙汁4、甜料酒少量按照比例混合，放入昆布浸泡。
❷选取还没长膘的秋刀鱼，从背部切开，去除腹骨和小刺。撒重盐腌制一晚后冲洗干净，然后用引子盐（淡盐水）浸泡，去除多余盐分。
❸将❷放入❶中浸泡，等到鱼肉泛白时捞出，用料理纸擦干水分。
❹用昆布水煮饭，煮成口感较硬的米饭。步骤❸的秋刀鱼浸泡后的料汁中加入盐、砂糖、香橙汁，按照喜好制作寿司醋，然后稍稍加热，制作寿司饭。寿司饭中混入香橙皮切碎的末。

❺将❸❹放入模具中制作棒寿司，浸入料汁中再绞干，用料理纸卷起来，上面压上重石。

●秋刀鱼也可以做成蒲烧秋刀鱼，再制作寿司。

●共肠酱烤秋刀鱼　秋

❶秋刀鱼分割成3片，撒淡盐，稍稍风干。
❷鱼肠放在铝箔上，放入烤箱烘烤，然后磨碎，用赤味噌、酒、甜料酒、砂糖调味，加入蛋黄使其黏稠。
❸步骤❶的秋刀鱼上火烧烤，步骤❷的鱼肠酱中加入花椒粉，然后涂在❶上，放入烤箱烘烤。
❹适当添加醋渍芜菁、醋渍莲藕等。

梭子鱼

日本的梭子鱼有9种,但是提到梭子鱼一般指的是红梭子鱼。梭子鱼在太平洋沿岸的日本南部较多。梭子鱼肉质清淡可口,以盐烤梭子鱼和风干梭子鱼为大众所熟知。

●梭子鱼清汤碗　秋

❶梭子鱼分割成 3 片,取出腹骨,拔除小刺,撒盐后静置。
❷裙带菜焯水后用高汤炖煮,然后以大拇指的宽度为宽,秋刀鱼的长度为长,将裙带菜整齐切分。
❸步骤❶的梭子鱼焯水后迅速冷却,鱼皮一侧朝里,以❷为芯卷成卷,用牙签固定。
❹将❸上锅蒸熟,用开水冲洗去油脂,注入用鲣鱼干、昆布水炖的清汤。添加松口蘑的薄片和鸭儿芹。用香橙提香。

●梭子鱼的鱼肠撒重盐腌制,然后放入梭子鱼汤中炖煮,这样得到的汤汁可以制作咸汤梭子鱼。

●海胆烤梭子鱼　秋

梭子鱼分割成 3 片,撒盐腌制 5~6 小时,然后风干。鱼干直接上火干烤,颗粒状海胆用蛋黄、酒稀释制作成酱汁,然后涂在鱼干上,继续烘烤。

●撒上芝士粉烘烤,即可做成西洋风味。

●梭子鱼的生寿司　秋

❶梭子鱼分割成 3 片,取出腹骨、小刺,撒盐腌制 5~6 小时,然后冲洗干净。昆布水 4、米醋 6,以及一点点砂糖按照比例混合,做成混合醋。鱼肉放入混合醋中浸泡,按照喜好控制浸泡时间。
●经过以上处理的梭子鱼也可用于制作香橙风味的小袖寿司、豆腐渣拌梭子鱼、薯蓣醋拌梭子鱼、翁和拌菜(使用山药泥、昆布粉的拌菜)、蛋黄寿司、薯蓣寿司等。

●薯蓣泥浇汁梭子鱼刺身　秋

❶梭子鱼分割成 3 片,取出鱼骨,撒淡盐腌制 3 小时,大火将鱼皮烤成焦黄色。
❷薯蓣切碎成小颗粒,混入佛掌薯蓣泥中。
❸步骤❶的梭子鱼切成一口的大小装盘,上面盖上❷,撒上青海苔粉,搭配山葵酱油食用。

●梭子鱼、松口蘑的杉板烧　秋

用酒、浓口酱油、甜料酒制作浸泡料汁,取出鱼骨的梭子鱼的鱼身和松口蘑一起放入其中浸泡,然后如铠甲般堆叠,放置在杉木板上。上下都用杉木板夹好,用竹皮带扎好固定,放入烤箱烤制。

●放入香橙圈一起浸泡的话,就是秋季的代表性烤鱼。

隆头鱼

隆头鱼属于鲈鱼亚目隆头鱼科的鱼类，一般来说有蓝隆头鱼和红隆头鱼两种，是15~20厘米长的花纹美丽的小鱼。

●隆头鱼的冷鲜鱼片　　秋

隆头鱼切细条，用冰水洗净，使其冷缩。与胡葱或者山形县产的胡葱嫩芽等一起装盘，搭配辣椒醋味噌食用。

●风干酒盗隆头鱼　　秋

鲣鱼的咸辣腌酵物放入酒中浸泡，浸泡后的酒中放入隆头鱼浸泡，然后风干。

●隆头鱼的红酒鱼冻　　秋

❶隆头鱼分割成3片，去除鱼骨，焯水后迅速冷却。

❷隆头鱼的鱼杂集中起来，用二番汁和红酒炖煮。倒出汤汁，加入酒、浓口酱油、砂糖调味，制作成鱼冻用的汤底。

❸芋头芽焯水，用❷煮熟，控干水分。

❹打开鱼冻盒，底部铺上一层保鲜膜，将❶鱼皮朝下整齐摆放，然后盖上盖子，注入❷，文火焖制。入味后，舀出剩下的汤汁，将❸整齐摆放在鱼肉冻上。确认汤底的凝固力，要是凝固力不够的话，添加明胶，再次倒入鱼冻盒中，使其凝固。

❺将鱼冻底面朝上，小心地从鱼冻盒中取出，注意不要弄散了。添加山葵浸水芹等。

●难波葱煮隆头鱼　　秋

❶隆头鱼去鳞，切下鱼头鱼尾，去除内脏。背部和腹部的鱼鳍两侧都用菜刀划出刀口。用火干烤，将鱼皮一面烤干，然后拔下鱼鳍，大火干烤。用开水冲洗，去除油分。

❷难波葱茎叶分离，茎用火干烤，叶用远火烘软，然后用叶将茎卷起来。

❸锅中放入二番汁和酒，添加浓口酱油、砂糖，制作成汤底。首先放入步骤❶的隆头鱼烧制，中途放入步骤❷的葱卷，添加干辣椒，将汤汁煮干。收锅时加入柠檬汁，添加酸味。

拟乌贼

　　拟乌贼因其肉鳍要比枪乌贼、长枪乌贼的大，形似青龙刀，所以也被叫作"太刀乌贼"。

●拟乌贼的唐草刺身　秋冬

❶拟乌贼剥皮后，肉身上还有一层纤维状的肉皮，口感很硬，所以用热水焯一遍。

❷拟乌贼竖着切成 8 厘米左右的宽度，竖着放置在砧板上。从右向左，斜切入肉大约一半的深度，重复以上动作，然后焯水。切成 1 厘米宽就是唐草了。

❸上等的颗粒状海胆用昆布水溶解，制作成蘸料。溶入芝麻的刺身酱油也可以。

●烤酒盗拟乌贼肉鳍干　秋冬

鲣鱼的酒盗浸入酒中，然后放入拟乌贼的肉鳍浸泡，入味后风干。直接烘烤的话，就会做成与魟鱼的鱼鳍干一样的东西，所以涂上蛋黄后烘烤。

●海胆拟乌贼片　秋冬

拟乌贼的表面用菜刀斜切出浅浅的格纹，焯水后用冷水迅速冷却。切成两片展开，极上等的颗粒状海胆用滤网碾碎，然后涂在拟乌贼上，两片重叠放置，切成 1.5 厘米宽。搭配盐和酸橘食用。

●也可以与刺身一起装盘。

●红色鳕鱼子烤拟乌贼　秋冬

❶拟乌贼切成 8~9 厘米宽，竖着顺着肌理切开，撒淡盐腌制 5~6 小时。

❷将红色盐渍鳕鱼子从膜中小心取出，添加蛋黄增加黏稠度，与蛋黄酱和少量香橙皮切碎的末混合均匀。

❸步骤❶的拟乌贼穿成串，呈拱桥形状，烤至七分熟，厚厚涂上一层❷继续烘烤。

●拟乌贼内脏煮拟乌贼腕足　秋冬

❶将牛蒡切成比斜削薄片还细的牛蒡丝。

❷拟乌贼的腕足（拟乌贼须）剥皮，皮备用，腕足放在砧板上，用研磨杵或者木槌等敲烂。敲烂后放入料理机绞碎，然后放入研钵中，放入一撮盐。添加山药泥、蛋清、昆布水，使其口感柔和。加入❶混合均匀，搓成丸子。

❸拟乌贼的内脏（墨液除外），与步骤❷保留的皮一起用二番汁炖煮。然后只将内脏磨碎，用滤网研磨过滤，与白味噌混合。

❹用步骤❸的汤汁烧制❷，然后放入❶，做成味噌煮拟乌贼腕足。与八方煮芜菁等一起装盘。

鲻鱼

鲻鱼是出世鱼，从幼鱼到成鱼，名字要变化四五次。虽然产卵期的鲻鱼获得的评价高得过分，但是产卵后恢复原来身体状况的夏秋时节的鲻鱼，鱼肉没有腥臭味，也相当美味。

●鲻鱼子烤鲻鱼　秋冬

❶水煮鸡蛋的蛋黄用滤网碾碎，与蛋黄酱混合，加入荷兰芹末混合均匀。

❷将鲻鱼子干研磨成粉，然后与蛋黄、鲻鱼的鱼泥混合均匀。

❸鲻鱼分割成 3 片，朝一侧放置，鱼身撒盐。鱼身中间夹上❶，撒上胡椒，抹上小麦粉，用黄油煎烤。薄薄涂上一层❶继续烘烤。切分后，添加甜醋渍芜菁等。

●唐墨粉佐酱料浸烤鱼　秋冬

❶鲻鱼分割成 3 片，取出腹骨和小刺，去皮。鱼身片成两片，撒盐静置一晚后风干。

❷唐墨（咸鱼子干）用研磨杵磨碎成粉末。

❸酒与淡口酱油按照6:1的比例混合，添加甜料酒，制作成若狭烧烤的酱料。

❹步骤❶的鲻鱼干用火烘烤，然后将鱼肉粗粗拆解盛入盘中，撒上❷❸。四处撒上焯水的鸭儿芹、煎制的松子。

●味噌酱汁烤鲻鱼和胃袋　秋冬

❶酒、甜料酒、大豆酱油、砂糖混合，放入烤过的

鲻鱼骨炖煮。取其汤汁，放入红色田乐味噌酱，制作味噌酱汁。

❷鲻鱼的鱼身上撒一点点盐。

❸鲻鱼的胃袋焯水，如果比较大可以一切两半。步骤❷的鱼身切块，与胃袋交错穿成串，稍稍撒上淀粉，用黄油烧烤。用细竹扦穿入烤串中，拔出铁扦。步骤❶的酱料中加入蛋黄，涂在烤串上，放入烤箱烤制。

●金山寺味噌煮鲻鱼卷鱼子　秋冬

❶金山寺味噌磨碎后，用滤网研细。

❷鲻鱼分割成 3 片，朝一侧放置。

❸鲻鱼的鱼身上切下来的边角料用研钵研成肉泥，与鳕鱼泥混合均匀。

❹鲻鱼的鱼白和鱼子煮熟后捣烂，与❸混合，做成糁薯底料。用❷包裹起来，用竹皮带绑好，用二番汁、酒烧制。添加❶和砂糖、甜料酒调味，烧至汤汁烧干。

❺盛入容器中，撒上花椒粒。

（译者注：糁薯，也可以写作"真丈""真蒸"，是一种将白色鱼肉、鸡肉、虾肉等食材捣碎后，加入山芋及蛋白形成固体的料理。通常以蒸、煮、炸等手法烹制。）

鲂鮄

鲂鮄的背部呈红黑色，腹部是鲜亮的红色，胸鳍很大，呈深蓝绿色，如同蝴蝶翅膀一般，非常漂亮。翅膀状的鱼鳍下面是红色的腕足一样的鳍条，鳍条前端上据说有类似味蕾的能品尝味道的器官。

●鲂鮄鱼片卷鱼皮　冬

❶鱼皮焯水，按照刺身的长度切丝。与独活丝混合在一起。

❷鱼身切成 3 厘米左右长的薄切生鱼片，放上❶卷成卷，搭配合适的配菜装盘。

❸搭配添加了香辛料的柠檬醋或者梅肉酱油食用。鲂鮄是味道清淡的上品白肉鱼。

●做成焯水生鱼片、斜切生鱼片也可以。

●酒味花椒烤鲂鮄　冬

❶酒和浓口酱油按照 4:1 的比例混合，适当加入有马花椒，点火炖煮，加甜料酒调味。过滤，制作酱料。

❷鲂鮄分割成 3 片，鱼身切成 2.5 厘米左右的厚度，大火烧烤，刷两次❶烘烤。盛入容器中，稍稍浇上一点❶，撒上鲣鱼丝。

●天王寺芜菁等口感较硬的芜菁一起烧烤后装盘也可以。

●葱叶拌鲂鮄　冬

❶用白味噌制作口感柔和的芥末醋味噌。

❷鲂鮄只将一侧的鱼皮用开水焯一遍，然后迅速用冷水冷却，残留的鱼鳞冲洗干净，斜切成较小的生鱼片，再次焯水。

❸难波葱的葱叶水煮后整齐摆放在砧板上，每根都往切口方向捋一遍，既能捋去黏液也能将葱叶摊平。将葱叶放在一起，切成段。

❹独活切方片，焯水去涩，与❷❸一起混合装盘，浇上❶。

●鲂鮄裙带菜汤　冬

❶裙带菜焯水，一片一片地切开后整齐摆放，一侧轻轻扎成捆。

❷鲂鮄分割成 3 片，按照一人两块的分量切分。焯水后迅速用冷水冷却，将残留的鱼鳞冲洗干净。

❸鲂鮄的鱼杂用昆布水小火炖汤，不要煮沸。取其汤汁，满满倒入锅中，将裙带菜煮软，用酒、淡口酱油、极少量的甜料酒调味，做成汤底。

❹取步骤❸的汤汁煮❷。调味时，味道可以比之前的汤底味道浓。加少量的酒，熄火，静置半日左右，使其入味。

❺利用❸❹的汤汁，以及出汁，制作汤底。

❻步骤❸的裙带菜切整齐了放入汤中，滴入一滴生姜汁。

虾虎鱼

据说虾虎鱼的同类在全世界范围内多达2000种，仅仅在日本就有300种，一般提起虾虎鱼，指的是栖息在河口和内湾地带的泥沙底部的虾虎鱼。

●虾虎鱼冷鲜鱼片脍　冬

❶选取大只的虾虎鱼，分割成3片，去皮去鱼骨，斜切成细细的竹叶状的薄片。用冷水洗净冷却。

❷适当搭配海藻和蔬菜，搭配口感清爽的芥末醋味噌食用。

●与冷鲜对虾等一起装盘时，刺身酱油中加入梅肉等非常美味。

●油炸虾虎鱼的雪花柳条　冬

❶分割成3片的虾虎鱼，竖着切成细长的条，稍稍撒盐，用脱水薄膜包裹脱水。

❷白色熟糯米粉中加入少量的蓝色熟糯米粉。

❸步骤❶的鱼条裹上小麦粉、蛋清，然后均匀撒上❷，下锅油炸。撒上蓝色熟糯米粉。

●虾虎鱼天妇罗煮面　冬

❶虾虎鱼的鱼头和中骨用远火烘烤，然后风干，之后再放入冰箱保持干燥。

❷昆布放入水中浸泡两小时后加入❶，文火慢炖，添加鲣鱼干，然后过滤。

❸素面煮熟，放入水中搓洗。

❹虾虎鱼和水芹、海苔等做成天妇罗。

❺步骤❷的汤汁中加入淡口酱油、少量酒，做成面条浇汁。

❻将❸加热放入碗中，然后倒入满满的浇汁，盛入❹。

●大豆炖虾虎鱼　冬

❶大豆清洗干净，与昆布一起放在水中浸泡一晚。

❷虾虎鱼去头尾，刮去鱼鳞，用火干烤，然后整齐摆入锅中。

❸将❶直接点火炖煮，大豆还没煮软时，倒入步骤❷的锅中，添加酒，然后炖煮至所有食材都变软。大豆太硬的话，可以加入一点小苏打。添加酒、淡口酱油、浓口酱油、砂糖调味，煮至汤汁收干为止。

饭蛸

饭蛸之所以叫作饭蛸，是因为其被称为头部的袋状部位中孕育着米饭粒一样的鱼卵。也有的国家认为饭蛸是恶魔之鱼所以不吃。饭蛸在两肩的位置各有一个金色的圆圈，这样的长相不禁令人觉得有点可爱，让人想称呼其为"小恶魔"。

●饭蛸的焯水脍　冬

❶将活饭蛸的头部切下，取出章鱼嘴。头部从眼睛的位置切掉，打开头部去除墨囊，取出章鱼卵。章鱼足用萝卜泥清洗，章鱼卵从卵巢中取出，与卵巢一起焯水后迅速用冷水冷却。

❷鹿角菜和鸡冠菜等，以及盐渍海藻用水清洗干净，切分后也一起装盘。点缀上独活丝等。

❸柑橘汁 1、米醋 1、浓口酱油 1、甜料酒 0.5，按照比例混合做成混合醋，添加生姜汁，搭配饭蛸食用。也可以搭配山葵酱油。

(译者注：饭蛸是一种小型章鱼。)

●蛋黄醋浇饭蛸　冬

饭蛸用八方汁炖煮，选取合适的蔬菜用盐水浸泡，然后搭配装盘，浇上蛋黄醋。

●裙带菜煮饭蛸　冬

❶裙带菜用昆布水煮软，一片一片地将枝叶分离，切整齐。汤汁中添加鲣鱼干、昆布水，再次放入裙带菜，用酒、淡口酱油、甜料酒调味，做成甜煮口

味，然后捞出。

❷饭蛸按照"饭蛸的焯水脍"的步骤❶处理，章鱼足每两根一组切分。

❸每颗章鱼卵都用料理纸包好，不要弄碎，放入步骤❶的汤汁中煮至七分熟，用竹篓捞出迅速冷却。待汤汁冷却后，将章鱼卵放回浸泡，使其入味。

❹小茶碗加热后，轻轻放入饭蛸，步骤❶的裙带菜加热后盛入碗中。最后放上花椒嫩芽提香。

●芝士烤饭蛸　冬

❶蛋黄和蛋黄酱混合，添加切碎的荷兰芹末和芝士粉混合均匀。

❷章鱼卵就留在头部内，直接用盐水煮，然后切成两半。

❸章鱼足每两根一组切分，焯水后迅速用冷水冷却。

❹用细铁扦穿成串，撒上盐和胡椒，大火烘烤，涂上❶继续烘烤。

金线鱼

金线鱼身体呈红色，鱼鳞上有6~7条黄色线条。尾鳍上端呈线状伸长，非常美丽。冬季特别美味。

●昆布金线鱼脍　秋冬

❶金线鱼分割成 3 片，取出腹骨、小刺，撒上较重的盐静置一晚。用水清洗干净，放入凉白开和米醋按照 3∶7 的比例混合制作成调制醋浸泡。鱼身泛白时，用昆布包裹 5~6 小时。

❷芜菁的皮切细，撒淡盐，待其变软，用昆布包裹。

❸金线鱼的鱼皮竖着用菜刀划出刀口，然后切分。

❹将❷❸按照刺身的方式一起装盘，添加合适的配菜，浇上土佐醋。

●黄油酱油烤金线鱼　秋冬

❶平底锅中放入黄油加热融化，添加浓口酱油和酒煎制，做成黄油酱油。

❷金线鱼撒淡盐，用脱水薄膜包裹两小时脱水。

❸鱼皮划上刀口，用铁扦穿成串，直接用火干烤，然后用刷子刷上❶继续烘烤。罗勒切碎，撒在鱼身上。

●酒酱油烤金线鱼　秋冬

❶选取一半鱼身大约一人份大小的金线鱼，分割成 3 片，取出腹骨、小刺，撒盐腌制 5~6 小时，然后风干。

❷酒中加入淡口酱油，滴入一点点甜料酒，制作酱料。

❸步骤❶的鱼身两端卷起，穿成串，边浇上❷边烧烤。鱼不够肥的话，可以刷上少量的太白芝麻油。

●定家煮金线鱼　秋冬

❶金线鱼切成一人份，鱼皮划上刀口，撒盐腌制 5~6 小时，焯热水后迅速用冷水冷却。

❷鱼杂撒重盐，然后用昆布水炖汤。

❸茶碗中放入 3 厘米厚的嫩豆腐，上锅蒸。

❹步骤❷的汤汁与酒等比混合，放入❶，文火慢炖，然后将鱼放在❸的豆腐上。

❺添加焯水的鸭儿芹茎作为绿色蔬菜。

●定家煮是盐煮的原型。有观点认为是歌人藤原定家设计了这种料理方法。虽然只使用盐和酒煮东西，但是也形成了他们独创的做法。

海参

海参在日语中写作"海鼠"，虽然名字中有"鼠"字，但是海参有着与其名字不符的非常缓慢的移动速度，所以在日语中也有"慢悠悠鼠"的异名。海参用其花朵般的嘴巴，将有机物、微生物等连带着泥沙吞食下肚，分类消化后，从肛门排出。感受到威胁时，会将内脏从肛门排出威吓对手。

●止止吕美渍青海参　冬

❶青海参（真海参）切去两端，一次性筷子上卷纱布，然后插入海参中，去除内脏。满满地抹上盐，放入网眼较粗的竹篓中，来回抢竹篓，将海参表面的黏液去除。

❷将❶放入甜醋中浸泡一晚，第二天取出。米醋4、香橙汁2、鲣鱼汤4按照比例混合，添加香橙圆片、昆布、干辣椒，制作成混合醋，将海参放入其中浸泡一晚。取出海参，切薄片，添加蔬菜装盘。就着浸泡的醋和香橙泥的香气食用。

●也可以与拌黄瓜、裙带菜等一起用白醋凉拌；或者竖着切开，再切成薄片，用切碎的咸海参肠凉拌。

（译者注：止止吕美，地名，位于大阪箕面市。）

●薯蓣泥浇汁赤海参　冬

❶赤海参（瓜参）取出其腹中的筋，去除沙石。放入淡盐水中浸泡。仔细清洗后切成极薄的海参片，放入煮沸的粗茶中焯水，然后用竹篓捞出迅速冷却，待粗茶汤冷却后，将海参片放回其中浸泡。

❷米醋2、淡口酱油1、甜料酒1、粗茶汤0.5按照比例混合，放入金枪鱼干浸泡，然后过滤。

❸捞出❶，浇上少量的佛掌薯蓣泥，然后再浇上❷。

●海参干蒸饭　冬

❶赤海参干中，颜色漆黑且有角的是优品。赤海参干与稻草一起放入水中浸泡。待海参泡发，直接一起倒入锅中炖煮，将海参炖软。冷却后切去两端，切开腹部，清洗干净。

❷二番汁中加入浓口酱油、酒、砂糖，放入❶烧制，使其入味。捞出海参，盖上湿润的纸巾，再盖上保鲜膜，防止其变干，放置在一边。

❸步骤❷剩下的汤汁中加入二番汁，使汤增多，然后放入道明寺干饭浸泡，直至泡软。稍加揉制，搓成细棒状，然后塞入赤海参的腹中，用保鲜膜包好再次上锅蒸。蒸好后，将其切分，涂上咸海参肠酱。

●一般作为前菜提供。用煮完海参的汤汁给白米饭调味，要是混入海参的话，就是海参饭。

颈斑鲳

颈斑鲳栖息在日本南部的内湾地区，是一种全身银光闪闪的扁平鱼类，最大也就10厘米了。颈斑鲳虽然个头小，吃起来很麻烦，但是肉质紧致，易剥离，适合炖煮。沿着背骨划入刀口，下锅油炸也不错。

●梅煮颈斑鲳　冬

昆布水中放入咸梅肉炖煮，使梅肉的酸味渗透进汤汁中。颈斑鲳不做切分，直接放入锅中炖煮。

●也可以切下鱼头，但是不要丢掉，一起放入锅中炖煮，更加好吃。

●颈斑鲳的清汤碗　冬

颈斑鲳切去头尾，取出内脏后清洗干净，撒盐腌制。上锅蒸熟后，用开水洗去油脂。将鱼盛入碗中，倒入用一番汁制作的汤底，添加芋头芽、独活等，用香橙做香辛料。

●也可以与鸡蛋豆腐一起装盘。

●南蛮渍颈斑鲳　冬

❶颈斑鲳薄薄撒上一层盐，稍稍风干，然后上火烤制。用开水洗去油分，然后与烤大葱、干辣椒一起放入土佐醋中浸泡。

天竺鲷

天竺鲷是日本各地都可见的鱼类，最大也就8厘米。据说，雌鱼产下鱼卵后，雄鱼会将鱼卵吞入口中保护。头和眼睛很大，味道也不太好，所以一般单独做成鱼干，或者与其他小鱼小虾一起料理比较好。

●油炸杂鱼汤渍天竺鲷鱼干　冬

❶沙丁鱼干用酒和淡口酱油炖煮后过滤，取其汤汁。天竺鲷不去鱼鳞也不切分，直接放入汤汁中浸泡，然后风干至半干状态。
❷将❶下锅油炸，然后撒上花椒粉或者青海苔粉。

●糯米粉炸天竺鲷鱼丸　冬

❶取6条天竺鲷去头尾，去鱼鳞。取4只基围虾（或者新对虾），去虾头壳，去眼睛。将二者混合，绞成肉泥，添加澄粉和蛋清，使其黏稠。
❷百合根切小块，加入❶中混合均匀，然后搓成咸梅干大小的丸子，依次蘸取小麦粉、蛋清、五彩糯米粉，下锅油炸。

●这里的糯米粉炸天竺鲷鱼丸与前面的油炸杂鱼汤渍天竺鲷鱼干，也可以与其他油炸物一起装盘。

●天竺鲷鱼泥味噌汤　冬

❶昆布与小杂鱼干一起炖汤，添加田舍味噌和赤汁味噌，制作混合味噌汤。
❷牛蒡斜切成薄片，水芹切碎成末。
❸天竺鲷的鱼泥（参考"糯米粉炸天竺鲷鱼丸"的步骤❶）放入汤中炖煮，然后直接放入生的❷，撒上花椒粉。

条尾绯鲤

条尾绯鲤是栖息在日本各地沿岸的体长18厘米的偏红色鱼类，下颌处有两条长须，因此也被钓鱼人称作"老爷爷"。条尾绯鲤将这两条长须探入泥沙中寻找食物。虽然个头不大，但味道不错。

● 盐渍条尾绯鲤刺身　冬

条尾绯鲤分割成3片，去皮，去小刺，撒一点点盐，用脱水薄膜包裹两小时脱水。切成合适的大小，与独活和薯蓣一起装盘。梅肉酱油中添加山葵。

● 如果是刚刚捕捞上来的活鱼，做成冷鲜鱼片也非常美味。

● 紫苏咸煮条尾绯鲤　冬

❶ 条尾绯鲤刮去鱼鳞，切去头尾，用水清洗干净。
❷ 腌制咸梅干的紫苏叶拧干后粗粗用水清洗，然后用刀切碎。
❸ 锅中放入条尾绯鲤，添加酒和水烧制，用❷将鱼身盖满，用浓口酱油、砂糖调味，一直煮到汤汁收干为止。

西太公鱼

西太公鱼是胡瓜鱼科的淡水鱼类，早春时节从湖泊逆流而上，游至河流上游产卵，产卵后即死亡。经常可以看见从冰面上凿开缺口垂钓西太公鱼的景象。春季的带子西太公鱼非常美味。

● 西太公鱼白板昆布卷　冬春

西太公鱼用火干烤，然后用白板昆布卷起来。整齐摆放在平底锅中，然后盖上比锅内径小一圈的小锅盖，加水直至淹没锅盖，点火炖煮。快要沸腾之前，倒去一半的水，少量添加酒、白渍梅醋，一直煮到昆布变软。添加淡口酱油、砂糖调味，继续煮至汤汁收干为止。冷却后，用鸭儿芹茎扎好固定，作为下酒菜。

● 芝士烤带子西太公鱼　冬春

❶ 早春的带子西太公鱼撒盐腌制5~6小时，稍稍风干。
❷ 每3条为一组，稍稍间隔开距离，如竹筏般穿成鱼串，涂上黄色蛋黄酱，撒上芝士粉烘烤。

● 与同样涂上海胆蛋黄酱烘烤的西太公鱼一起装盘，这样的双色烧烤也有点小趣味。

海松贝

海松贝的贝壳边缘会有海松藻附着，海松贝以此为食，所以才叫作"海松贝"。从北海道到南部的浅海地区都栖息着海松贝。海松贝属于虹吸管很长的蛤蜊科贝壳。

●海松贝薯蓣泥脍　冬

❶打开海松贝的贝壳，将黑色虹吸管与贝壳分离，切掉虹吸管上的坚硬吸口，剥去黑色的皮。放入开水焯水时，虹吸管肉会变成美丽的红紫色，并且也能去除其独特的腥臭味。

❷将贝肉与外套膜一起清洗，肝脏焯水后用滤网碾碎，与薯蓣泥混合，贝肉与外套膜细细切开后混合。

❸海松藻（盐藏品）去盐分，用开水冲洗。

❹容器中铺上❷，将❶做成斜切刺身后装盘，撒上❸。滴入生姜汁、米醋 1、淡口酱油 0.5、味噌 1、昆布水 0.5 制作成混合醋，浇在刺身上。

（译者注：盐藏品，用食盐贮藏食品。通过食盐的渗透、脱水作用等，来防止微生物的繁殖。）

●海胆烤海松贝　冬

❶颗粒状海胆用滤网碾碎，添加蛋黄。

❷虹吸管切开，稍稍撒盐，穿成串，大火烤制。涂上❶继续烘烤。❶与少量蛋黄酱混合后涂在贝肉和外套膜也不错。

北寄贝（库页岛厚蛤蜊）

如同其名字一般，北寄贝产于茨城以北的北海，虽然俗称为"北寄贝"，但正式名称是"库页岛厚蛤蜊"。形状与蛤蜊相似，但纹理更粗更大。淡紫色的贝肉一旦焯水，就会变成粉红色，并且甜味也会增加。肝脏的味道特别好，一定要好好利用。

●难波葱拌北寄贝　冬

❶与赤贝（魁蛤）做同样的事先处理。贝肉前端焯水，以减轻腥臭味。

❷难波葱（叶葱）焯水，将茎用叶一圈一圈卷起来，切成 3 厘米左右的葱段。

❸另取难波葱，叶子切碎，用作绿色着色剂，加入芥末醋味噌中。

❹肠与外套膜一起装盘，浇上❸，盛入贝肉，添加❷。

●味噌贝壳烤北寄贝　冬

❶白味噌和赤味噌混合，用二番汁稀释，添加酒、砂糖调和味道。

❷北寄贝打开，取出肝脏，加入❶中。

❸北寄贝的贝壳仔细清洗干净，放入牛蒡片，浇上❷。北寄贝的贝肉切碎后也放入贝壳中，上火烤制。上面的贝壳涂上蛋清，撒上盐，用火烤干后，盖在下面的贝壳上。

喜知次鱼（大翅鲉鲉）

喜知次鱼是菖鲉目鲉科鱼类。全身呈红色，胸鳍特别宽。以前快餐店和员工食堂经常使用喜知次鱼，但是由于脂肪和胶原蛋白含量很高，喜知次鱼一跃而成为高级鱼类，现在连料理店都称呼其为"黄金鱼"。鱼头和鱼杂做成味噌汤非常美味。

●盐烤喜知次鱼　冬

❶选取一半鱼身相当于一人份大小的喜知次鱼，刮去鱼鳞，连着鱼头，分割成2片，撒盐腌制半日。
❷2片鱼身都分别上下切分，穿成串，鱼皮一侧划上刀口，鱼鳍部位撒上盐，上火烤制。添加满满的辣味萝卜泥。

●喜知次鱼芜菁泥碗　冬

❶喜知次鱼分割成3片后切分，鱼皮一侧烤至焦黄，然后放入蒸笼蒸熟，盛入碗中。
❷鲣鱼和昆布水中加入盐和淡口酱油做成汤底，圣护院芜菁磨成泥加入汤中，用葛粉勾芡，注入碗中。添加焯水的水芹，滴入生姜汁。

●酒蒸喜知次鱼　冬

❶喜知次鱼分割成3片，撒盐腌制4~5小时，浇上昆布水和酒，上锅蒸熟。蒸出来的汤汁中加入淡口酱油、浓口酱油，制作味道较浓的汤底，倒在鱼身上。
❷添加酸橘。

鲑鱼

鲑鱼张开嘴巴的话，可以看到喉咙深处是黑色的，所以在日本，鲑鱼也叫作"喉黑鱼"。鲑鱼晚秋到早春时节产卵，所以在此之前的带子鲑鱼味道特别棒，怀孕之前的鲑鱼做成刺身也很好吃。初秋时节的鲑鱼适合做成刺身、盐煮、盐烤等，品尝鱼肉的鲜美；到了冬季，则是连同鱼白、鱼子一起食用才更加美味。鲑鱼与喜知次鱼一样，鱼头和鱼杂做成味噌汤非常不错。

●鱼白烤鲑鱼　冬

❶鲑鱼的鱼白上锅蒸熟，用滤网碾碎，生奶油与蛋清一起打发后，将鱼白混入其中，用少量蛋黄酱、盐、胡椒调味。
❷鲑鱼放入平底锅中，用黄油煎烤，添加酒、浓口酱油提香，然后涂上❶用烤箱烘烤。

●甜煮带子鲑鱼卷　冬

❶鲑鱼分割成3片，拔除腹骨和小刺，焯水后迅速冷却。鱼子和生姜丝一起用鱼身卷起来，用竹皮带扎好固定，然后用酒、浓口酱油、砂糖、甜料酒炖煮。
❷撒上生姜丝。

●酒蒸鲑鱼　冬

与酒蒸喜知次鱼做法相同。

●料理负责人介绍

1935年出生的上野修三氏，于1965年自立门户，当时的店名叫作"季节料理喜川"，是"浪速割烹喜川"的前身。自那以后的大约半个世纪的时间，从"喜川"出师的直系弟子也不断自立门户，陆续开了"喜川高嶋""喜川浅井""昇六""喜川有尾""作一""坂本"等店。然后，这些直系弟子的店也不断有徒孙们学成出师。由此继承上野修三氏的精神的料理人中，成为厨师长、料理店店主等能独当一面的现在有40人以上。本书就是由受上野氏精神熏陶的直系弟子和徒孙中的6人收集整理而成。他们从2011年1月开始到2013年5月，大约一个月一次，按照上野氏的菜谱制作并拍摄鱼贝类料理。

坂本靖彦
1954年出生于广岛县。
1972年进入"清贺"开始修业。
1973年进入"浪速割烹喜川"。
1984年"割烹坂本"开店。

割烹坂本
大阪市北区曾根崎新地1-1-12　GOTS北新地大厦6号馆1层
06-6348-1588

东迎高清
1959年出生于冲绳县。
1977年在大阪市交通局"新和睦会馆"开始修业。
1979年进入"喜川浅井"。
1994年就任"喜川浅井"的分店"大阪料理浅井"的店长。
2007年继承分店，正式独立。

浅井东迎
大阪市中央区心斋桥筋2-2-30　境大厦1层
06-6213-2331

久保是人
1968年出生于熊本县。
1985年进入"喜川浅井"。
2000年就任"喜川浅井"的店长。
2012年就任"喜川浅井"的第二任店主。

大阪料理浅井（旧店名喜川浅井）
大阪市中央区东心斋桥1-6-19　Royal中家大厦1层
06-6243-7100

古池秀人
1968年出生于大阪府。
1984年在"瓢正"开始修业。
1988年进入"喜川有尾"。
2007年就任"喜川有尾"的第二任店主。

喜川有尾
大阪市北区曾根崎新地1-7-6　新日本新地大厦东馆1层
06-6344-5616

河村幸贵
1968年出生于山口县。
1987年进入"作一"。
2005年就任"弘作一"的店长。

弘作一
大阪市中央区西心斋桥1-10-3　Ace大厦2层
06-6243-3914

上野修
1961年，作为上野修三氏的长子出生于大阪。
1981年进入"志摩观光酒店"，开始修业。
1985年返回大阪，进入"浪速割烹喜川"。
1989年就任"浪速割烹喜川"的分店"美味喜川"的厨师长。
1995年就任"浪速割烹喜川"的第二任店主。

浪速割烹喜川
大阪市中央区道顿堀1-7-7
06-6211-3030

后记

诚挚感谢您能阅读本书。本书也是我们浪速割烹喜川团队的烹饪备忘录。

自古以来，日本民族就以谷物为主食，鱼贝类、蔬菜海藻为副食，并且不断吸纳其他国家传来的食材，使其本土化。这种饮食上的演变也蕴藏着"和魂"，不断取长补短，与时俱进，创造了日本自己的饮食文化。怀着对大自然四季变化的热爱，遵循"本地生产、本地消费"的原则，运用当地流传的料理手法处理当地的应季食材，在这种无限贴近自然的饮食生活中，形成了我们赖以生存的"饮食之道"。而这种"饮食之道"的根源所在，就是我们的日常饮食，是它让日本人健全的精神和健康的体魄代代相传。

由茶馆和外卖演变出能接待客人的料理店是在元禄时代。以大阪四天王寺西侧的"浮濑"为首，料理店不断开张，最终发展到了京都、江户，江户时代可以说是日本料理的飞速成长期。但是到了明治中期，大阪的料理店数量开始下降。到了大正时代，之前就一直存在的简单配置了座椅的料理店稍稍升级，不再提供固定的宴席料理，而是将顾客喜欢的与厨师推荐的折中，制作"折中料理"（也可以说是顾客自选料理），演变成了顾客可以点菜的料理店。

而另一方面，原本人数少、可以轻松享受美食的料理店，升级成了专注食物味道的料理店，大阪西区的料理店"割烹滨作"就是由北滨的外卖店出身的森川荣氏和盐见安三氏创立的，这两位也是现代割烹店的创始者。最终，连南边都开了分店后，森川氏前往京都，盐见氏前往东京，二者兵分两路扩大事业。他们这种模式的料理店对大阪的影响非常深远，这种先见之明，我甘拜下风。而代表这种业态的"点菜料理""季节料理""折中料理"等名词最终统一成仅仅表示"烹饪"的"割烹"一词时，我觉得应该是昭和时代的事情了。同样也是外卖店出身的我开设料理店"季节料理喜川"是在昭和四十年二月三日。当时已经出现了"割烹店"这种叫法，但是"割烹"这两个字却让我觉得很有负担，因此并没有采用。

别名"鱼塘·菜园"的大阪地区确实名副其实，从近郊的蔬菜，到大阪湾·濑户内海的海产品，新鲜食材非常丰富。此外，通过在此行商的生意人还能收集到全国各地，甚至国外的食材与食法。走在浪速饮食之道上的料理人们，巧妙利用这些食材，为了满足将日本经济视为己任的大阪商人的身心需求，已经竭尽全力了吧。仔细一想，日本料理的根源其实就在浪速。并且从上古时代开始，代代日本人的身心都是由本着和魂的精神，通过取长补短一点一点积累而成的和食培养而成。

但是日本人的饮食，在最近短短的数十年内急剧欧化，由于和食的减少，日本人的气质也发生了改变，无论是和食还是日本人的气质，两者都面临危机。不要因为觉得这是社会发展的趋势，就放弃抵抗。于是，我们喜川的有志者们因为想要做出现代日本人喜欢的料理这个共同的想法走到了一起。"现在的食材自给率低于40%，日本有很多固有的食材已经被遗忘了，我们很想像从前一样制作种类繁多的鱼类料理……"本着这样的考虑，我们开始了本书的摄影与随笔的创作，食材也都是采用应季的蔬菜和鱼贝类。其中一部分内容曾在月刊《专门料理》上连载过一年时间，所以本书的准备过程非常长，涵盖范围也非常广，收录了非常多种类的鱼、令人怀念的味道以及需要费点工夫钻研才能完成的料理等。

这段时间，我得到了很多人的帮助，他们是为我提供烹饪和摄影场地的大阪一心寺的高口长老、住持等其他相关人员，长期以来一直愉快合作的摄影师宫本进氏及相关工作人员，《专门料理》的总编辑淀野晃一氏和编辑本书的编辑高松氏。我向他们表示最衷心的感谢和最诚挚的谢意。

平成二十六年三月二十日　天王寺夕阳丘的家中

上野修三　78岁

（译者注：割烹，烹饪，烹调，料理。"割"为用菜刀切，"烹"为加热处理。）
（译者注：浪速，大阪市一带的古名。）

图书在版编目（CIP）数据

八十八种四季鱼料理 /（日）上野修三，（日）浪速
割烹喜川会著；袁丹译. — 北京：北京美术摄影出版
社，2022.1
　　ISBN 978-7-5592-0449-3

　Ⅰ. ①八… Ⅱ. ①上… ②浪… ③袁… Ⅲ. ①鱼类菜
肴—菜谱—日本 Ⅳ. ①TS972.126.1

中国版本图书馆CIP数据核字(2021)第244401号
北京市版权局著作权合同登记号：01-2018-2847

责任编辑：耿苏萌
责任印制：彭军芳

八十八种四季鱼料理
BASHIBA ZHONG SIJI YU LIAOLI

［日］上野修三　［日］浪速割烹喜川会　著
袁丹　译

出　版　北京出版集团
　　　　北京美术摄影出版社
地　址　北京北三环中路6号
邮　编　100120
网　址　www.bph.com.cn
总发行　北京出版集团
发　行　京版北美（北京）文化艺术传媒有限公司
经　销　新华书店
印　刷　鸿博昊天科技有限公司
版印次　2022年1月第1版第1次印刷
开　本　787毫米 × 1092毫米　1/16
印　张　15
字　数　180千字
书　号　ISBN 978-7-5592-0449-3
定　价　98.00元

如有印装质量问题，由本社负责调换
质量监督电话　010-58572393